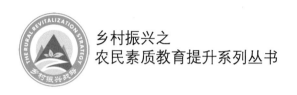

乡村振兴之
农民素质教育提升系列丛书

柑橘病虫害绿色防控彩色图谱

◎ 黄振东　主编

U0272055

中国农业科学技术出版社

图书在版编目（CIP）数据

柑橘病虫害绿色防控彩色图谱 / 黄振东主编 . —北京：
中国农业科学技术出版社，2020. 1
（乡村振兴之农民素质教育提升系列丛书）
ISBN 978-7-5116-4307-0

Ⅰ . ①柑… Ⅱ . ①黄… Ⅲ . ①柑橘类—病虫害防治—图谱
Ⅳ . ①S436.66-64

中国版本图书馆 CIP 数据核字（2019）第 152688 号

责任编辑　姚　欢　李　玲
责任校对　李向荣

出 版 者　中国农业科学技术出版社
　　　　　北京市中关村南大街12号　　　邮编：100081
电　　话　（010）82106631（编辑室）　（010）82109702（发行部）
　　　　　（010）82109709（读者服务部）
传　　真　（010）82106631
网　　址　http：// www.castp.cn
经 销 者　全国各地新华书店
印 刷 者　北京建宏印刷有限公司
开　　本　880mm×1 230mm　1/32
印　　张　3.25
字　　数　85千字
版　　次　2020年1月第1版　　2020年1月第1次印刷
定　　价　26.00元

《柑橘病虫害绿色防控彩色图谱》

编委会

主　编　黄振东

副主编　曹炎成　占红木

编　委　陈国庆　鹿连明　蒲占湑

　　　　金国强　胡秀荣　杜丹超

　　　　张利平　吕　佳　张顺昌

PREFACE 前　言

　　柑橘是多年生作物，一年四季保持绿色，冬季不落叶，给一些病虫害提供寄生越冬的场所，也给病虫害防治带来很大难度。由于柑橘的病虫害种类繁多，为害时期不一致，尤其是很多橘农不会辨析柑橘病虫害名称和为害症状，也不清楚使用防治方法，往往存在打保险药和盲目打药的现象，从而造成了农药的滥用和过量使用，严重破坏了橘园生态环境。

　　最近几年国家高度重视农药使用情况，并就化学农药使用量进行控制，提出农药减少使用的要求。柑橘病虫害防治应采用病虫害综合防控的手段，强调采用农业防治、物理防治、生物防治和化学防治相结合，减少化学农药的使用量。本书介绍了一系列绿色防控的手段，旨在减少化学农药的使用，确保橘园生态安全和柑橘食品安全。从另一个角度而言，化学农药的过量使用主要还与橘农不认识柑橘病虫害种类、发生特点、发生时期等柑橘病虫害发生流行规律有关，同时与没有掌握化学农药合理选用、使用技术和使用关键期有关。本书以文字结合图谱的形式介绍了柑橘病虫害的种类和为害症状及其发生流行规律和分布情况以及防治的关键时期，可以指导橘农精准用药、减少化学农药使用、规范防治手段。

本书主要作者参与和主持了国家重点研发计划项目"柑橘化肥农药减施技术集成研究与示范""农业部产业体系黄岩柑橘试验站"和"浙江省重大专项柑橘黑点病综合防控"等一系列项目，相关研究成果在本书中都有体现。本书编著过程中，得到很多同行的帮助和指导，一些图片来自生产中橘农请教问题时拍摄，也有一些图片是编者在田头橘园下乡指导中拍摄，完全反映田间实际情况。由于本书主要柑橘病虫害图片收集于浙江橘园，主要针对浙江沿海一带的柑橘病虫害发生流行规律制订的一些绿色防控技术措施，与其他省份有一些差异，其他地区应该参照当地病虫害发生特点，在当地技术部门的指导下，做相应调整。

CONTENTS 目 录

第一章
柑橘主要病害

第一节　柑橘疮痂病

【分布】

柑橘疮痂病是一种真菌性病害，分布在我国各柑橘产区，是温州蜜柑、早橘、本地早、南丰蜜橘、福橘、蕉柑、椪柑、柠檬等宽皮柑橘品种的主要病害。

【症状】

柑橘疮痂病主要为害柑橘叶片、新梢和幼嫩果实组织。叶片发病初期表现油渍状的黄色小点，接着病斑逐渐增大，颜色变为蜡黄色。后期病斑木栓化，多数向叶背面突出，叶面则凹陷，形似漏斗。严重时叶片畸形或脱落。果实发病初期为褐色小点，以后逐渐变为黄褐色木栓化突起，幼果发病严重时会造成果实脱落，不脱落者也果型小，皮厚，味酸至畸形，枝条发病症状类似于果实（图1-1-1至图1-1-6）。

图1-1-1　叶片正面疮痂病症状

图1-1-2　叶片背部疮痂病症状

图1-1-3　枝条和叶片疮痂病症状

图1-1-4　果实疮痂病症状（一）

图1-1-5　果实疮痂病症状（二）

图1-1-6　果实疮痂病症状（三）

【病原】

有性阶段为半知菌亚门的痂囊腔菌属（*Elsinoe fawcettii* Bitancourt et Jenk.）；无性阶段为痂圆孢属（*Sphaceloma fawcetti* Jenk.）。

【发病规律】

柑橘疮痂病以菌丝体形式主要潜伏于病枝梢等组织中越冬，也能潜伏在病果、病叶和病叶痕等部位。翌年春，当气温达到15℃以上和多雨潮湿时，老病斑即可产生分生孢子。分生孢子借助风雨传播，萌发芽管侵入春梢嫩叶、花和幼果。本病只能侵染叶、梢、果的幼嫩组织，当新叶和幼果老熟时即不再感病。本病发生的最适温度范围为16～23℃，最高温度为28℃。所以本病在春梢和幼果期发生严重，在夏梢抽发期间温度较高，很少发病。不同柑橘品种对本病的抗性差异较大，橘类最易感病，柑类和柚类次之，甜橙类较为抗病。

【防治措施】

1. 农业防治

结合冬春修剪，清除病枝和病叶，抹除晚秋梢，扫除地面落叶并移出橘园，以减少病源，控制肥水，使梢抽发一致。加快成熟，减少侵染机会；合理修剪、整枝，增强通透性，降低橘园湿度，有条件的橘园可以在春梢萌芽期和幼果期避雨栽培。

2. 苗木检疫

新园严防病穗带入，外带接穗采用30%苯甲·丙环唑乳油3 000倍液浸30分钟，有预防作用。

3. 药剂防治

因该病主要侵染幼嫩组织，故防治时应以保护幼嫩春梢和幼果为重点，一般喷药2次。浙江地区第一次在3月上中旬，春芽长度达0.3厘米时；第二次在5月上旬，花谢2/3时。可选择使用以下药剂：30%氧氯化铜悬浮剂（如博瑞杰）600～800倍液，或75%肟菌·戊唑醇水分散粒剂（如拿敌稳）4 000～6 000倍液，或20%噻菌铜悬浮剂300～500倍液均匀喷雾，或25%嘧菌酯悬浮剂

800～1 200倍液均匀喷雾，或60%唑醚·代森联水分散粒剂（如百泰）1 000～2 000倍液均匀喷雾，或10%苯醚甲环唑水分散粒剂1 000～2 000倍液均匀喷雾。

第二节　柑橘树脂病

【分布】

柑橘树脂病在中国柑橘产区普遍发生，柑橘老产区发生尤为严重。

【症状】

此病是柑橘上的最主要病害，能为害枝干、叶片和果实。因发生部位不同又被称为流胶病、黑点病、砂皮病或褐色蒂腐病。发生在枝干上有流胶或干枯的症状，病斑呈褐色，常流出褐色有异味的胶质黏液，高温干燥的情况下，病部逐渐干枯、下陷，皮层开裂剥落，疤痕四周隆起；发生在幼果、新梢和嫩叶上表现出黑点或砂皮的症状，在病部表面产生无数的褐色、黑褐色散生或密集成片的硬胶质小粒点，表面粗糙，略为隆起，像黏附着许多细砂，称为柑橘黑点病或砂皮病；发生在果实贮藏期间常自蒂部开始发病，初呈水渍状，黄褐色的圆形病斑，后期病斑边缘呈波纹状，深褐色，最后全果穿心烂，称为柑橘蒂腐病，此病能导致树势减弱，严重时能使枝梢枯死或整树死亡（图1-2-1至图1-2-7）。

【病原】

有性阶段为子囊菌亚门的间座壳菌属的柑橘间座壳菌（*Diaporthe citri* Fawc），无性阶段为半知菌亚门的拟茎点属柑橘拟茎点霉（*Phomopsis citri* Fawc）。

图1-2-1　树脂病症状（一）

图1-2-2　树脂病症状（二）

图1-2-3　树脂病症状（三）

图1-2-4　树脂病症状（四）

图1-2-5　枝条和叶片黑点病症状

图1-2-6　果实黑点病症状

图1-2-7　果实砂皮病症状

【发病规律】

该病原是一种弱寄生菌，特别容易在幼嫩组织侵入。在管理不善、树势衰弱、遭受其他病虫害发生严重，特别是经受过严重冻害的橘园发生尤为严重。病菌的分生孢子全年均有发生，可以长期潜伏在患病组织中，遇到合适条件即萌发侵染。分生孢子侵染适宜温度为15～25℃，高于32℃将受到抑制。孢子主要靠风雨和昆虫传播，还必须在有水膜的条件下才能萌发和进行侵染，病菌的成功侵染需要叶面或果面持续至少4小时的高湿，随着潮湿时间的延长，侵染率越高，故要在雨季才能发生流行。病菌发育最适温度为20℃左右的不冷不热天气，遇雨水多、树势弱、伤口（冻伤或机械伤）多时会严重发生流行。

【防治措施】

1. 农业防治

对郁闭度过高的橘园进行间伐疏密，合理修剪，增强园内通风透光性，挖除死树、重病树，剪除病枯枝，剪下的枝条及时清理出园集中烧毁；调整施肥技术，不宜偏施氮肥，应控制肥水，使梢抽发整齐，缩短幼嫩期，增强抵抗力；清理排水系统，清除杂草，降低橘园湿度，主干涂白，夏天防日灼，冬天防冻，涂白剂可用石灰1千克、食盐50～100克、水4～5千克配成。

2. 药剂防治

对于果实黑点病可以采用树冠喷药的方式：花落2/3是第一次结合柑橘疮痂病防治、第二次是在15～20天后，幼果直径1.5～2.0厘米时喷施药剂、第三次一般在第二次喷药20天后，一直持续到8月下旬，一般为5次。若遇上梅雨期超长或者出梅后持续下雨天气应增加防病次数，具体防治指标可认为在5—9月中若遇持续5天以上降雨时应抢雨隙用药补治。药剂可选用80%优质代森锰锌可湿性粉剂（如护庄、大生等）400～600倍液，或70%丙森锌可湿性粉剂（如安泰生）600～800倍液等均匀喷雾。建议药剂方案中加入99%优质矿物油乳油（如绿颖）150～200倍液可明显提高防效。

对于枝干发生的树脂病的药剂防治一般采取涂抹药膏的方法，如刮除病部，用30%氧氯化铜悬浮剂（如博瑞杰）100倍液，或50%瑞毒霉素可湿性粉剂100倍液，或1∶1∶10的硫酸铜∶生石灰∶水配置的波尔多浆涂抹。也可以采用四川国光生产的松尔膜喷施树干，还可以加一些杀虫剂兼杀天牛和介壳虫。

第三节　柑橘炭疽病

【分布】

柑橘炭疽病是一种世界性病害，中国各柑橘产区均有发生。

【症状】

该病在柑橘整个生长季节均可发生，为害叶片、枝梢、果实。叶片、枝梢在连续阴雨潮湿天气，表现为急性型症状：叶尖现淡青色带暗褐色斑块，如沸水烫状，边缘不明显；嫩梢则呈沸水烫状急性凋萎。在短暂潮湿而很快转晴的天气，表现为慢性型症状：叶斑圆形或不定形，边缘深褐色，稍隆起，中部灰褐色至灰白色，斑面常现轮纹；枝梢病斑多始自叶腋处，由褐色小斑发展为长梭形下陷病斑，当病斑绕茎扩展一周时，常致枝梢变黄褐色至灰白色枯死。幼果发病，腐烂后干缩成僵果，悬挂树上或脱落。成熟果实发病，在干燥条件下呈干疤型斑、黄褐色、稍凹陷、革质、圆形至不定形，边缘明显；湿度大时则呈泪痕型斑，果面上现流泪状的红褐色斑块；贮运期间呈现果腐型斑，多自蒂部或其附近处现茶褐色稍下陷斑块，终至皮层及内部变褐腐烂（图1-3-1至图1-3-5）。

图1-3-1 柑橘炭疽病症状（一）

【病原】

无性阶段为盘长孢状刺盘孢菌（*Colletotrichum gloeosporioides* Penz.），属于半知菌亚门柑橘炭疽病属；有性阶段为（*Glomerella* Spauld. et Schrenk.），属于子囊菌亚门的小丛壳属。

图1-3-2 柑橘炭疽病症状（二）　　图1-3-3 柑橘炭疽病症状（三）

图1-3-4 柑橘炭疽病症状（四）　　图1-3-5 柑橘炭疽病症状（五）

【发病规律】

病菌在病组织内越冬，分生孢子常由病残体上的特殊结构分生孢子盘产生，环境适宜时，借风雨、昆虫等传播，由伤口、气孔或直接穿透表皮侵入寄主组织并引起发病。柑橘炭疽病有潜伏侵染的特征，病菌在嫩叶，幼果期便可侵入，侵入后部分病菌处于潜伏状态，当寄主抗性下降时诱发病害。贮藏期一般1~2个月开始出现发病症状，橘园带入的孢子发芽形成附着胞，附着胞形成芽管刺入健康的果实表皮2~4层细胞时便停止，不显症，只有当果实受伤、抵抗力降低时，病原菌才变得活跃。

【防治措施】

1.农业防治

加强栽培管理，增强树势，提高树体抗逆性；合理修剪，改善果园枝冠通风透光条件，若发病较轻或只有零星发病可不采取药剂防治，人工摘除受害叶果，或深剪除病梢、病叶和病果梗，集中烧毁；秋冬旱季灌水1～2次，做好防旱保湿工作。

2. 药剂防治

可根据园内发病情况在每次抽梢期喷药1～2次。用药可选：80%优质代森锰锌可湿性粉剂（如大生、护庄等）400～600倍液、70%丙森锌可湿性粉剂（如安泰生）600～800倍液，或25%吡唑醚菌酯悬浮剂（如欧露康）1 500倍液，或25%咪鲜胺乳油1 000～1 500倍液等均匀喷雾防治。

第四节　柑橘脂点黄斑病

【分布】

柑橘脂点黄斑病是一种世界性真菌病害，在美国、澳大利亚和日本等国家均有分布，在我国主要分布在四川、重庆、云南、贵州、浙江、江苏和台湾等地。

【症状】

柑橘脂点黄斑病主要为害柑橘成熟叶片，有时也可为害果实和小枝，叶片收到侵染后常见症状有三种类型：

（1）脂点黄斑型：发病初期在叶背生1个或数个油浸状小黄斑，随叶片长大，病斑逐渐变成黄褐色或暗褐色，形成疮痂状黄色斑块，叶背病斑上出现疮疹状淡黄色突起小粒点，随病斑扩展和老化，小粒点颜色加深，变成暗褐色至黑褐色的脂斑。与脂斑对应的叶片正面上，形成不规则的黄色斑块，边缘不明显，中部有淡褐色至黑褐色的疮疹状小粒点（图1-4-1）。该病主要发生在春梢叶片，常引起大量落叶。

图1-4-1　叶片脂点黄斑型症状

（2）褐色小圆星型：叶面受害初产生赤褐色略凸起小病斑，后稍扩大，中部略凹陷，变为灰褐色圆形至椭圆形斑，后期病部中央变成灰白色，边缘黑褐色略凸起，在灰白色病斑上可见密生的黑色小粒点，即病原菌的子实体（分生孢子器）（图1-4-2）。该种类型主要发生在秋梢叶片上。

图1-4-2　叶片褐色小圆星型症状

（3）混合型：在同一张病叶上，同时发生脂点黄斑型和褐色小圆星型的病斑，夏梢受侵染后，最容易在叶片上出现混合型症状，果实受害后，果皮上出现褐色小斑点，严重时集群成大面积黑褐色斑块，但一般不侵染果肉（图1-4-3）。

图1-4-3　叶片混合型症状

【病原】

有性阶段为子囊菌门，子囊菌纲，座囊菌目的柑橘球腔菌（*Mycosphaerella citri* Whitesiae），无性阶段为柑橘灰色疣丝孢［*Stenella citri grisea*（Flsher）Sivanesan］。

【发病规律】

该病原菌大多数以菌丝体形式在树上病叶或落地的病叶中越冬，也可在树枝上越冬，生长的温度范围为10～35℃，适宜温度为20～30℃。由于在4—9月落地病叶均可产生子囊孢子引起初侵染，因此春、夏、秋梢叶片均可受害。每年5—6月是侵染的主要季节，发病的高峰期在9—10月。病原菌在寄主表面停留时间较长，潜育期最长可达9个月。栽培管理粗放、施肥不足的柑园，树势衰弱时病害较为严重；不注意清园，积累大量菌源，亦会加重发病；干旱天气连续灌溉会促进孢子的释放，冬季冻害较为严重时次年发病加重。

【防治措施】

1. 农业防治

做好清园工作，冬、春季及时清除橘园内枯枝、落叶、杂草，清扫病菌残体，减少病源，疏除密生枝、纤细枝和病虫枝，改善光照，加强橘园管理，增施有机肥，及时松土、排水，增强树势，提高抗病性；冬季在冻害来临前做好培土、刷白等工作，遇特别低温，可用烟熏，防止橘树受冻。

2. 药剂防治

春秋梢转绿期间为防治最适期，结果树在落花2/3时，未结果树在春梢叶片展开时，可选用80%优质代森锰锌可湿性粉剂（如护庄、大生等）600～800倍液，或250克/升嘧菌酯悬浮剂800～1 200倍液、25%吡唑醚菌酯悬浮剂（如欧露康）1 500倍液，或60%唑醚·代森联水分散粒剂（百泰）1 000～2 000倍液，或10%苯醚甲环唑水分散粒剂（如世高）1 000～2 000倍液等均匀喷雾防治。建议药剂方案中加入99%优质矿物油乳油（如绿颖）150～200倍液可明显提高防效。

第五节　柑橘黑斑病

【分布】

柑橘黑斑病在各柑橘产区均有发生，不同的柑橘品种中，以南丰蜜橘、早橘、本地早、乳橘、年橘、茶枝柑、椪柑、蕉柑、柠檬、沙田柚、新会橙和暗柳橙等发病较重，大多数橙类、温州蜜柑、雪柑和红柑等较为抗病。

【症状】

有黑斑型和黑星型2种。

（1）黑斑型：果面上初生淡黄色或橙色的斑点，后扩大成为圆形或不规则形的黑色大病斑，直径1～3厘米。中部稍凹陷，簇生许多黑色小粒点。严重时很多病斑相互联合，甚至扩大到整个果面。贮藏期的病果腐烂后瓤瓣僵化，呈黑色（图1-5-1）。

（2）黑星型：在将近成熟的果面上初生红褐色小斑点，后扩大为圆形的红褐色病斑，直径多为2～3毫米。后期病斑边缘略隆起，呈红褐色至黑色，中部灰褐色，略凹陷，其上生有少量黑色小粒点状的分生孢子器。病斑不深入果内，病斑多时可引起落果，贮运期间可继续发展，湿度大时可引起腐烂。叶片上的病斑与果实上的相似（图1-5-2）。

【病原】

有性态子囊菌亚门的柑橘球座菌和柑橘茎点霉［*Phoma citri carpa*（McAlpine）］，无性态为半知菌亚门。

图1-5-1　果实黑斑病症状

图1-5-2　成熟期果实黑斑病症状

【发病规律】

柑橘黑斑病是一种针对柑橘发生的真菌型病害，主要为害果实和叶片。分为黑斑型和黑星型两种，主要发生在谢花期或落花后的1个半月之内，前期菌丝体在寄主组织内受到抑制，但到果实和叶片将近成熟时，菌丝体迅速生长扩展，受害部位出现病斑，病斑上再产生分生孢子，进行重复侵染，容易导致果实腐烂，一般幼年树很少发病，7年生以上的大树，特别是老树发病较重。此病在高温多湿、晴雨相间的条件下发病严重，栽培管理不善、遭受冻害、果实采收过迟等造成树势衰弱以及机械损伤等均有利于发病。

【防治措施】

防治适期为谢花后至1个半月内，防治指标为上年果实上有明显发病的果园。

1. 农业防治

加强栽培管理。做好肥水管理和害虫防治工作，保持强健树势，冬季清园。结合修剪，剪除发病枝叶，及时收拾落叶、落果，予以烧毁。

2. 药剂防治

结合春季清园和其他病虫害的防治喷洒1次1波美度的石硫合剂，或45%松脂酸钠可湿性粉剂（如大鹏）100～150倍液对于果实保护一般在谢花后的1个半月内进行，每隔半个月左右喷1次，连续2～3次。药剂可用80%优质代森锰锌可湿性粉剂（如护庄、大生等）400～600倍液，或30%氧氯化铜悬浮剂（如博瑞杰）600～800倍液、或25%吡唑醚菌酯悬浮剂（如欧露康）1 500倍液、40%噻唑锌悬浮剂700倍液、20%噻菌铜悬浮剂500倍液等药液均匀喷雾。

第六节　柑橘灰霉病

【分布】

美国、新西兰和日本等地均有发生，在中国柑橘种植区普遍发生。

【症状】

柑橘灰霉病又被称为柑橘花瓣灰霉病，主要为害花瓣，也可为害嫩叶、幼果及枝条（图1-6-1至图1-6-5）。可引起花腐、枝枯，降低坐果率，并能导致果实在贮藏期腐烂。开花期间如遇阴雨天气，受感染的花瓣先出现水渍状小圆点，随后迅速扩大为黄褐色的病斑，引起花瓣腐烂，并长出灰黄色霉层。如遇干燥天气，则变为淡褐色干枯状，当发病的花瓣与嫩叶、幼果或有伤口的小枝接触时，则可使其发病。嫩叶上的病斑在潮湿天气时，呈水渍状软腐，干燥时病斑呈淡黄褐色，半透明，果上病斑常呈木栓化，或稍隆起，形状不规则，受害幼果易脱落。小枝受害后常枯萎。

图1-6-1　花瓣灰霉病症状（一）

图1-6-2　花瓣灰霉病症状（二）

图1-6-3　幼果灰霉病症状

图1-6-4　果实膨大期灰霉病症状

图1-6-5　成熟果实灰霉病症状

【病原】

属子囊菌亚门灰葡萄孢霉（*Botrytis cinerea* Pers. Ex. Fr）。

【发病规律】

病菌以菌核及分生孢子在病部和土壤中越冬，主要通过气流和水传播，菌丝可直接穿透寄主组织，大部分情况是通过伤口侵染，健康的果实、小枝和树皮不易被感染，冻害、伤口和日灼有利于发生侵染，花期最易被感染，几乎没有抗性，发病的花是幼果和小枝的侵染源，一般遇到花期多雨年份，或在郁闭的果园发病相对较重。柑橘灰霉病一般不会大面积出现，当长时间温度较低（大约18℃）且长时间雨雾天气、湿度较大时，容易流行。

【防治措施】

1. 农业防治

冬季清园，剪除病枝病叶并烧毁，同时喷洒石硫合剂。花期发病时，及时摘除病花，剪除枯枝，集中烧毁。

2. 药剂防治

在开花前喷药防治，药剂可选：80%代森锰锌（护庄）可湿性粉剂600～800倍液，或50%啶酰菌胺水分散粒剂（如凯泽）1 500倍液、50%异菌脲可湿性粉剂（如扑海因）1 000倍液等均匀喷雾防治。

第七节　柑橘溃疡病

【分布】

柑橘溃疡病是一种细菌性病害，是国内外的植物检疫对象。溃疡病在中国柑橘种植区普遍发生，以广东、广西、江西、湖南和福建等地发生较重。

【症状】

主要为害叶片、果实和枝梢（图1-7-1至图1-7-3）。叶片染病，初在叶背产生黄色或暗黄绿色油渍状小斑点，后叶面隆起，呈米黄色海绵状物。后隆起部破碎呈木栓状或病部凹陷，形成褶皱。后期病斑呈淡褐色，中央灰白色，并在病健部交界处形成一圈褐色釉光，凹陷部常破裂呈放射状。果实染病，与叶片上症状相似。病斑只限于在果皮上，发生严重时会引起早期落果。枝梢染病，初生圆形水渍状小点，暗绿色，后扩大灰褐色，木栓化，形成大而深的裂口，最后数个病斑融合形成黄褐色不规则形大斑，边缘明显。

图1-7-1 叶片溃疡病症状

图1-7-2 枝条溃疡病症状

图1-7-3 果实溃疡病症状

【病原】

属普罗特斯细菌门，黄单胞杆菌属，地毯草黄单胞杆菌柑橘致病变种［*Xanthomonas axonopodis* pv. *citri*（Hasse）Vauterin et al.］。

【发病规律】

病菌在病叶、病枝或病果内越冬，翌春遇水从病部溢出，通过雨水、昆虫、苗木、接穗和果实进行传播，从寄主气孔、皮孔或伤口侵入。病菌有潜伏侵染性，有的柑橘外观健康却有病菌侵染，有的柑橘秋梢受侵染，冬季不显症状，春季才显症状，从3月下旬至12月病害均可发生，一年可发生3个高峰期。春梢发病高峰期在5月上旬，夏梢发病高峰期在6月下旬，秋梢发病高峰期在9月下旬，其中以6—7月夏梢和晚夏梢受害最重。气温在25~30℃条件下，雨量越多，病害越重。暴风雨和台风过后，易发病。潜叶蛾、恶性食叶害虫、凤蝶等幼虫及台风不仅是病害的传病媒介，而且其造成的伤口，有利于病菌侵染，加重病害的发生，栽培管理不当，如氮肥过多、品种混栽、夏梢控制不当，有利发病。

【防治措施】

1. 农业防治

严格检疫，培育无病苗木；冬季清园，集中焚烧，有效减少侵染源；加强田间管理，铲除发病严重橘树；加强栽培管理，不偏施氮肥，增施钾肥；在无病区设置苗圃，所用苗木、接穗进行消毒。

2. 药剂防治

冬季清园时或春季萌芽前喷石硫合剂；及时防治害虫，减少伤口；幼树在新梢抽出3厘米以上时开始用药，成年树在叶片已展开转绿，幼果应在谢花10天、30天、50天后各喷雾一次，药剂可选用：30%氧氯化铜悬浮剂（如博瑞杰）600~800倍液、或40%噻唑锌悬浮剂700~1 000倍液、或20%噻菌铜悬浮剂300~700倍液、或47%春雷·王铜可湿性粉剂500~600倍液等均匀喷雾防治。建议药剂方案中加入99%优质矿物油乳油（如绿颖）150~200倍液可明显提高防效。

第八节　柑橘黄龙病

【分布】

柑橘黄龙病是世界性的毁灭性细菌病害，我国主要发生在广西、广东、福建、湖南、浙江等地。

【症状】

柑橘类植物感染黄龙病菌后并不立即显症，存在潜伏期，潜伏期的长短因品种、树龄、健康状况、种植环境等而异，但相比其他病原体，黄龙病菌的潜伏期较长，枝、叶、花、果及根部均可显症，尤以夏、秋梢症状最明显。发病初期，部分新梢叶片黄化，出现"黄梢"，从最顶端叶片开始发病，然后向下蔓延，经1～2年后全株发病，叶片斑驳，叶肉变厚、硬化，叶表无光泽，叶脉肿大，有些肿大的叶脉背面破裂。病树（图1-8-1）一般树冠稀疏，枯枝多，植株矮小，病树开花早，花瓣较短小，肥厚，淡黄色小枝头花朵成团，称"打花球"，最后几乎全部脱落，结实少，着色不均。有些果蒂附近变橙红色即俗称"红鼻子果"，病果畸形，无光泽，味酸，品质不佳。另外感染黄龙病的柑橘种子质量减轻，多败育且萌发率降低。叶片的典

图1-8-1　黄龙病树

型症状是黄化、变小，病根表皮易脱离、腐烂，黄龙病菌优先定植在根中且分布较为均匀，这也是为什么仅砍除病枝并不能有效控制黄龙病的原因所在。

1. 枝叶症状

以夏梢发病最为严重，秋梢次之，春梢较少，幼龄树的冬梢也有少数发病。病树初期的特征性症状是在浓绿的树冠中出现1枝、2枝或多枝黄梢，黄梢多在顶部和外围，随后病梢的下段枝条和树冠的其他部位枝条也陆续发黄（图1-8-2至图1-8-4）。黄梢叶片可分为三种类型：

图1-8-2　叶片黄龙病症状（一）　　图1-8-3　叶片黄龙病症状（二）

图1-8-4　叶片黄龙病症状（三）

（1）均匀黄化叶片：多出现在初期病树和夏秋梢发病树上，叶片在生长过程中不转绿而呈均匀的浅黄绿色，这种叶片在枝上存留时间短，极易脱落。果园中较难看到。

（2）斑驳型黄化叶片：在春梢及夏、秋梢病枝上均有，无论是初病树或中、后期病树上均可看到，在叶片生长转绿后，出现在主侧脉附近和叶片基部或边缘开始黄化，并扩散形成黄绿相间的不均匀斑驳状，斑块大小、形状及位置均不定，最后也可以均匀黄化。通常在叶片基部和边缘呈黄色的为多，黄色或绿色区域多少与某些叶脉的界限有关。

（3）缺素型黄化叶片：又称花叶，表现为叶小、直立，叶脉及叶脉附近叶肉呈绿色，而脉间叶肉呈黄色，类似于缺锌、锰、铁时所表现的褪绿类型。这类病叶一般出现在中、晚期病树上，往往有均匀黄化或斑驳黄化叶的枝条上抽发出来的新梢叶片呈现缺素状。该症状易和缺素症混淆，应注意辨别。

2. 果实症状

病树产生多数非季节性的花朵，开花早而多，小而畸形，易脱落，花瓣短小、肥厚，颜色较黄。病树产生的果实小，皮变硬，易落果，果皮与果肉紧贴不易剥离。有些果实发育不全，斜肩畸形，着色不均匀。有些品种如福橘等，果蒂附近较早变为红色，成"红鼻果"。病果成熟早，无光泽，种子发育不全，果汁可溶性固形物含量低，酸含量较高，果味异常。根系症状：病树根部腐烂，变黑，细根、侧根从根尖逐渐向根基发展，进而影响到地上部植株的生长（图1-8-5）。

【病原】

革兰氏阴性的韧皮部杆菌（*Candidatus Liberibacter* asiaticus）。

图1-8-5　果实黄龙病症状

【发病规律】

　　柑橘黄龙病的人为传播主要通过带病接穗嫁接和带病苗木调运，自然传播是由取食病树后的带菌柑橘木虱再取食健康树来完成。柑橘黄龙病病原菌除了柑橘木虱和非洲木虱这两个昆虫寄主外，还能在果蝇、伊蚊细胞中存活。柑橘黄龙病的植物寄主主要是柑橘属及其芸香科柑橘亚科近缘属植物，除柑橘属植物外，枳、金柑、黄皮、九里香、澳指檬、木苹果、酒饼簕等近缘属植物上均有检出黄龙病菌的报道，柑橘亚科中的九里香由于能连续抽发新梢，因而是柑橘不抽梢期间木虱种群得以维持的重要原因。黄龙病是不会通过土壤、流水、大风、修剪、其他昆虫及动物来传播感染，主要通过带病毒的苗和木虱传播。

【防治措施】

　　（1）广泛开展宣传和培训工作，各级政府和有关部门应引起高度重视，积极做好柑橘黄龙病对柑橘生产带来为害严重性的宣传；科研、教学和农技术推广部门，应加强黄龙病防控技术的研究、技术培训和推广工作。使广大橘农充分认识到防治扑灭工作的重要性和必要性，提高他们的自觉性和主动性，以及防控方法的科学性。

（2）禁止疫情发生地苗木引种及接穗调入，各地发展柑橘生产所需的种苗以自繁自育为主，禁止向省内外疫情发生地调运柑橘类苗木接穗。各地植物检疫部门要加强苗木市场检疫检查，对未经产地检疫和调运检疫或来自疫情发生区的柑橘苗木接穗，要依法从严处理。各级交通、邮政、铁路、民航等部门要严格执行农业部和省有关规定，严禁调运未经检疫的无证柑橘类苗木和接穗。凡繁育种苗的单位和个人，在落实育苗基地前，必须向当地植检站提出申请，经其同意后方可繁育；有计划地建立市、县（市、区）良种母本园、采穗圃和无病苗圃，禁止个体散户繁育苗木，专门落实柑橘苗木接穗生产繁育基地，实行我省柑橘种苗生产经营"三证"管理，提供无病苗木，满足柑橘苗木接穗的生产安全和柑橘生产发展的需要。未经检疫部门同意擅自采用疫情发生区接穗，盲目繁育的育苗户，一律按违章案件进行处理。植物检疫部门要切实抓好柑橘种苗的产地检疫、市场检疫和调运检疫工作。

（3）加强田间管理，尤其是要加强结果树的水肥管理，保持树势壮旺，提高抗病力，对于减少黄龙病的发生及因病造成的损失有重要作用。

（4）挖除病树。由于目前还没有一种有效的方法，能把患有黄龙病的柑橘树治疗好。而病树留在田间，就是一个病源。因此，要经常进行园区柑橘黄龙病的普查，一经发现是侵染黄龙病的树，立即挖除是防治黄龙病蔓延的重要措施。具体做法：对每年春、夏、秋3个梢期，尤其是秋梢期，认真逐株检查，发现病株或可疑病株，立即挖除集中烧毁。挖除病树前应对病树及附近植株喷洒10%吡虫啉可湿性粉剂2 000倍液，或1%灭虫灵乳油2 000倍液，或40%氧化乐果1 000倍液等药剂，以防柑橘木虱从病树向周围转移传播。发病10%以下的新柑橘园和发病20%以下的老柑橘园，挖除病株后可用无病苗补植。

（5）防治柑橘木虱。①抓冬季清园。采果后至春芽前，结合其他病虫害防治，全面喷洒农药2次，以消灭越冬代木虱。②抓住每年春梢（4月中旬）、夏梢（5月中旬、6—7月）、秋梢（8月上旬至9月中旬）等新芽萌发至展叶时，可进行2～3次木虱成若虫防治。药剂可选用10%吡虫啉可湿性粉剂2 000倍液或1.8%阿维菌素乳油（如野精灵、灭虫灵等）1 500倍液，或21%噻虫嗪悬浮剂3 000～4 000倍液均匀喷雾，或22.4%螺虫乙酯悬浮剂（如亩旺特）3 000～4 000倍液均匀喷雾，建议药剂方案中加入99%优质矿物油乳油（如绿颖）150～200倍液可明显提高防效，同时注意防治冬季的九里香木虱。木虱具有趋黄性，据此可用黄色粘虫板来捕捉木虱。病树一旦确认后，应当立即以予挖除。挖除前要喷药扑杀木虱，以防病树上的木虱飞到邻近的健康树。③坚持抹芽放梢。去零留整夏、秋梢，全部抹除晚秋梢，促进柑橘整齐放梢，杜绝木虱夏秋期间生活繁殖场所，疏零期间应定期喷药。④病株挖除前必须喷1次农药，以消灭木虱，防止其向外迁移。⑤禁止私人在房前屋后零星种植柑橘或黄皮等芸香科果树或植物，减少柑橘木虱的繁殖和中间寄主。

（6）及时改造病区柑园，对于一些柑橘黄龙病发生非常严重（发病20%以上的老柑橘园）、已经失去了经济价值的果园，应及时实行病区改造，以防止病源的扩散。改造方法：在当年采果后，喷一次农药，以消灭木虱，然后把整个果园的柑橘树（包括那些可能已经感病但还未表现症状的柑橘树）全部挖除，待翌年春再种植其他果苗，或重新种植柑橘无病苗。并做好防虫工作，可以把病区改造成为无病的新区。

第九节　柑橘褐腐疫霉病

【分布】

柑橘褐腐疫霉在我国柑橘产区均有发生。

【症状】

主要为害果实和橘树主干基部（图1-9-1至图1-9-3）。柑橘疫霉病果实发病称褐色腐败病或褐腐病，果实发病是伴随着皮层的腐烂，侵染白皮层，不烂及果肉。干燥时病斑干韧，手指按下稍有弹性；潮湿时呈水渍状软腐，长出白色菌丝，有腐臭味。带菌果实贮藏时遇合适条件，扩散迅速，可引起大面积的果实腐烂。果实染病与叶片上症状相似。病斑只限于在果皮上，发生严重时会引起早期落果。树干发病称脚腐病或裙腐病。树干发病时，一般优先为害树干的根颈部位，主干基部树皮先呈水渍状的褐色病斑，暗绿色，后扩大呈灰褐色，木栓化，形成大而深的裂口，最后数个病斑融合形成黄褐色不规则形大斑，边缘明显。树皮腐烂，有酒糟气味。气候干燥时，病斑干裂。天气温暖潮湿

图1-9-1　柑橘褐腐疫霉病症状（一）

时，病部扩展较快，优先向根颈四周扩展。

图1-9-2 柑橘褐腐疫霉病症状（二）　图1-9-3 柑橘褐腐疫霉病症状（三）

【病原】

柑橘褐腐疫霉（*Phytophthora citrophthora*），为寄生腐霉属。

【发病规律】

病菌在病叶、病枝或病果内越冬，翌春遇水从病部溢出，通过雨水、昆虫、苗木、接穗和果实进行传播，从寄主气孔、皮孔或伤口侵入。病菌有潜伏侵染性，有的柑橘外观健康却有病菌侵染，有的柑橘秋梢受侵染，冬季不显症状，春季才显症状，从3月下旬至12月病害均可发生，一年可发生3个高峰期。春梢发病高峰期在5月上旬，夏梢发病高峰期在6月下旬，秋梢发病高峰期在9月下旬，其中以6—7月夏梢和晚夏梢受害最重，气温在25～30℃条件下，雨量越多，病害越重。暴风雨和台风过后，易发病。潜叶蛾、恶性食叶害虫、凤蝶等幼虫及台风不仅是病害的传病媒介，而且其造成的伤口有利于病菌侵染，加重病害的发生。栽培管理不当，如氮肥过多、品种混栽、夏梢控制不当，有利发病。

【防治措施】

1. 农业防治

严格检疫，培育无病苗木；冬季清园，集中焚烧，有效减少侵染源；加强田间管理，铲除发病严重橘树；加强栽培管理，不偏施氮肥，增施钾肥；在无病区设置苗圃，对所用苗木、接穗进行消毒。

2. 药剂防治

冬季清园时或春季萌芽前喷99%优质矿物油（如绿颖）乳油150倍液；及时防治害虫，减少伤口；幼树在新梢抽出3厘米以上时开始用药，成年树在叶片已展开转绿，幼果应在谢花10天、30天、50天后各喷雾一次，药剂可选用：40%噻唑锌悬浮剂700～1 000倍液，20%噻菌铜悬浮剂300～700倍液，25%吡唑醚菌酯悬浮剂（如欧露康）1 500倍液，或47%春雷·王铜可湿性粉剂500～600倍液。

第二章

柑橘主要虫害

第一节　柑橘全爪螨

【学名】

柑橘全爪螨［*anonychus citri*（McGregor）］。

【分类】

属于蛛形纲蜱螨目叶螨科。

【分布】

又名柑橘红蜘蛛、瘤皮红蜘蛛。主要分布在中国、美国、日本、印度和南非等地。柑橘全爪螨作为主要的柑橘害螨，在我国江苏、江西、安徽、广西、甘肃、四川、重庆、云南和台湾等地的柑橘产区都有分布，是遍布各柑橘产区的最主要害螨。

【形态特征】

柑橘全爪螨的卵呈球形，略扁，红色有光泽，顶端有一垂直卵柄，柄端有10～12条向四周散射的细丝，附着于叶、果、枝上。初孵幼螨体长0.2毫米，足3对，淡红色；若螨形似成螨，个体较小，有足4对，体长0.25～0.3毫米。雌成螨体长为0.3～0.4毫米，暗红色，足4对，体呈卵圆形，背面隆起，侧观呈半球形，背部及背侧面有红色瘤状突起，其上各生1根白色刚毛，共26根；雄成螨体略小，体长约0.3毫米，腹部后端较狭，鲜红色，足较长（图2-1-1、图2-1-2）。

图2-1-1　柑橘全爪螨（一）　　　　图2-1-2　柑橘全爪螨（二）

【发生规律和为害症状】

柑橘全爪螨在南方地区一年发生16～18代左右，卵在8.2℃时即可孵化，适温干旱天气促进其大量发生，多雨不利其发生。温度在24～28℃、相对湿度为60%～85%的天气是红蜘蛛生长发育最适天气；高于34℃或低于11℃时生长受到抑制，不利繁殖。一般红蜘蛛的发生高峰出现在5—6月，若气候适宜，9—10月也有可能再次出现发生高峰，幼螨、若螨、成螨均可对苗木和成果树造成为害，以成螨、若螨和幼螨刺吸柑橘叶片、嫩枝和果实等的汁液，从而形成大量刺伤口，破坏绿色组织的正常功能，严重影响树势和产量。全爪螨在发生发展过程中，主要通过爬行和风传两种途径不断地在树内、树间扩散，喜食新叶汁液，常随春、夏、秋梢抽发的顺序而转移为害。以叶片受害最重，在叶片正反两面均栖息为害，光强时多在叶背吸食、光弱时多在叶面吸食，并以中脉两侧、叶缘及凹陷处为多。被害叶片呈现许多灰白色的失绿小斑点，失去光泽，严重时一片苍白，造成大量落叶和枯梢

（图2-1-3）；在果实上多群集于果萼下为害，被害果皮呈灰白色，严重时会使果实脱落（图2-1-4）。

图2-1-3　柑橘全爪螨叶片为害症状　　图2-1-4　柑橘全爪螨果实为害症状

【防治措施】

1.农业防治

冬春季清园、剪除虫枝、合理间作。结合修剪，剪除潜叶蛾为害的僵叶，减少越冬虫源。适当根外追肥，促进叶色转绿，提高树体抗虫能力。

2.生物防治

4月末至5月初，柑橘全爪螨田间数量在2头/叶以下时，释放捕食螨防治，控害期可达60～120天。释放前30天进行一次彻底清园，傍晚或阴天释放，每株一袋（2 500只），在纸袋上方1/3处斜剪半寸，钉挂在树冠内背阳光的主干上，袋底靠枝桠。投放时应注意天气，避免投放后连续降雨造成捕食螨死亡，使用前果园须割草（不得化学除草），释放后橘园适当留草，为捕食螨提供越冬、越夏场所，保护天敌：合理用药，实施保健栽培，保护和利用食螨瓢虫、捕食螨、食螨蓟马、草蛉、虫生藻菌、芽枝菌和病毒等天敌。

3. 药剂防治

根据防治指标，春季虫口密度为成、若螨2~3头/叶，虫叶率达45%~52%；夏秋季成、若螨3~5头/叶，虫叶率52%~61%；冬季成虫、若螨1~2头/叶，虫叶率35%~45%时用药防治可选用99%优质矿物油乳油（绿颖）200倍液、24%螺螨酯（螨危）悬浮剂4 000~5 000倍液、或5%噻螨酮1 200倍液、或110克/升乙螨唑（来福乐或国产的20%乙螨唑悬浮剂）悬浮剂4 000~5 000倍液，或1.8%阿维菌素2 000~3 000倍液或20%丁氟螨酯悬浮剂（如金满枝）1 500~2 500倍液，或30%乙唑螨腈悬浮剂3 000~4 000倍液均匀喷雾防治。柑橘全爪螨繁殖力强、生活史短，易产生抗药性，应合理轮换使用农药，延缓抗药性。重视冬、春季清园，降低螨口基数。春季清园办法：春梢萌芽前可选用0.80~10波美度石硫合剂、45%松脂酸钠100~150倍液，在春梢萌芽前后选用99%优质矿物油（如绿颖）150~200倍液或73%炔螨特1 500~2 000倍液进行均匀喷雾。

第二节　柑橘锈壁虱

【学名】
柑橘锈壁虱〔*Phyllocoptruta oleivora*（Ashmead）〕。
【分类】
属于蛛形纲蜱螨目瘿螨科。
【分布】
锈壁虱为害俗称铜病，在全国各大柑橘产区均有发生。
【形态特征】
成螨体长0.1~0.2毫米，胡萝卜形或楔形，黄色或橙黄色，头小，向前方伸出。卵圆球形，表面光滑，灰白色，透明。幼螨孵出时为三角形，若螨体形如成螨，但较小，半透明，1龄时灰白色，2龄时淡黄色（图2-2-1）。

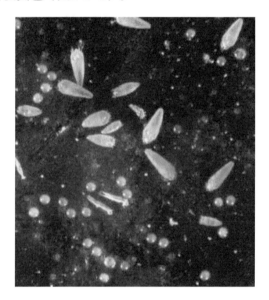

图2-2-1　柑橘锈壁虱

【发生规律和为害症状】

锈壁虱发生代数与地区、气候相关，一年发生约18代，在芽的鳞片缝隙或秋梢卷叶内越冬。锈壁虱的越冬虫态和越冬场所因各地冬季气温高低而异。在四川、重庆、浙江，以成螨在柑橘的腋芽内、潜叶蛾和卷叶蛾为害的僵叶或卷叶内、柠檬秋花果的萼片下越冬；在福建，以各种螨态在叶片和各种绿色枝梢上越冬；在广西、广东，以各种螨态在秋梢叶片上越冬。锈壁虱还可在果实（挂果迟的晚熟品种）的果梗（柄、把）、萼片下越冬，4月中下旬开始活动、产卵，喜在荫蔽处活动，由树冠下部、内部逐渐向上向外蔓延，为害柑橘叶背和果实。以口针刺入柑橘组织内吸食汁液，使被害叶、果的油胞破裂，溢出芳香油，经空气氧化后，使果皮或叶片变成污黑色。为害严重时，常引起落叶和黑皮果，导致树势衰弱（图2-2-2至图2-2-4）。

图2-2-2　果实锈壁虱为害症状（一）

图2-2-3　果实锈壁虱为害症状（二）

图2-2-4　果实锈壁虱
为害症状（三）

【防治措施】

1.农业防治

加强柑橘园肥水管理，适度修剪，增强树势，提高树体自身抗虫能力；合理修剪，使树体通风透光，利于农药覆盖。

2. 生物防治

锈壁虱的主要天敌有多毛菌、具瘤长须螨、钝绥螨和食蝇蚊等；在防治其他病虫时，尽量少用或不用铜制剂、溴氰菊酯与含硫的药剂。

3. 药剂防治

从5月起重点巡查，发现个别果实发黄起立刻进行化学防治；选用对其敏感的药物喷施，注意药物的轮换。可选用：45%石硫合剂结晶300～500倍液、99%优质矿物油乳油（如绿颖）100～200倍液、或24%螺螨酯悬浮剂4 000～6 000倍液均匀喷雾。

第三节　黑刺粉虱

【学名】

黑刺粉虱（*Aleurocanthus spiniferus* Quaintanca）。

【分类】

属于昆虫纲同翅目粉虱科。

【分布】

黑刺粉虱又叫橘刺粉虱，是茶树、柑橘、林木、花卉等多种经济作物上的常见害虫。在我国山东、江苏、安徽、湖北、浙江、江西、湖南、台湾、广东、广西、四川、云南、贵州、海南等省、自治区、直辖市茶园、柑橘园广泛分布。

【形态特征】

成虫体橙黄色，薄敷白粉。复眼肾形红色。前翅紫褐色，上有7个白斑；后翅小，淡紫褐色。卵新月形，长0.25毫米，基部钝圆，具1小柄，直立附着在叶上，初乳白后变淡黄，孵化前灰黑色；若虫体长0.7毫米，黑色，体背上具刺毛14对，体周缘泌有明显的白蜡圈；共3龄，初龄椭圆形淡黄色，体背生6根浅色刺毛，体渐变为灰至黑色，有光泽，体周缘分泌1圈白蜡质物；2龄黄黑色，体背具9对刺毛，体周缘白蜡圈明显。蛹椭圆形，初乳黄渐变黑色，蛹壳椭圆形，长0.7～1.1毫米，漆黑有光泽，壳边锯齿状，周缘有较宽的白蜡边，背面显著隆起，胸部具9对长刺，腹部有10对长刺，雌性两侧边缘有长刺11对，雄性有10对（图2-3-1、图2-3-2）。

图2-3-1　黑刺粉虱（一）

图2-3-2　黑刺粉虱（二）

【发生规律和为害症状】

黑刺粉虱成虫喜在长势茂密、通风透光差的果园活动，就地产卵，所以荫蔽的果园虫口密度大。初孵若虫常在卵壳附近爬行约10分钟后固定并取食，各代若虫孵化后分别群集在春、夏、秋梢嫩叶背面吸食营养液，受害叶形成淡黄色斑点（图2-3-3）。其排泄物常诱发柑橘煤烟病，使植株枝叶发黑，光合作

图2-3-3　叶片黑刺粉虱为害症状

用差，树势趋弱，枝叶抽发少而短，逐年减产。

【防治措施】

1. 农业防治

采果后进行重剪，修剪时去掉残枝、弱枝、病虫枝和徒长枝，对荫蔽果园适当去掉交叉枝和重叠枝，促进果园通风透光和方便施药。在放梢期适当保春梢，严格控夏梢，力促秋梢，培育高产健壮植株。通过创造不利于黑刺粉虱发生为害的环境条件，培育健壮株型，可有效防控橘刺粉虱的发生。冬季增施有机肥，避免偏施氮肥，提高植株抗虫能力。受黑刺粉虱为害严重的柑橘园，要彻底清除残枝和虫叶，把老龄幼虫分布多的老叶及时摘除并运出果园销毁，以减少虫源。

2. 物理防治

4月末至5月初，每亩安装放置20片信息素黄色诱虫板，挂于通风透光处，离地1.5~2米。

3. 生物防治

黑刺粉虱的天敌主要有两类：一是寄生类，如刺粉虱黑蜂、黄盾恩蚜小蜂、斯氏浆角蚜小蜂、单带巨角跳小蜂等，都是橘刺粉虱一、二龄幼虫的寄生蜂。有条件的地区，可人为引移释放橘刺粉虱天敌蜂类，能将橘刺粉虱为害程度降低至不造成为害的程度；二是捕食性类，如异色瓢虫、方斑瓢虫、刀角瓢虫、黑缘红瓢虫、黑背唇瓢虫、二星瓢虫和大草蛉、亚洲玛草蛉、八斑绢草蛉等。保护和利用这些天敌，达到生物防治的目的。

4. 药剂防治

药剂可选用5%啶虫脒乳油2 000~4 000倍液、99%优质矿物油乳油（如绿颖）150~200倍液，或1.5%苦参碱可溶液剂3 000~4 000倍液均匀喷雾防治。

第四节　蚜　虫

【学名】

蚜虫（*Aphidoidea*），又称腻虫、蜜虫。

【分类】

属于有翅亚纲胸喙亚目蚜虫科。

【分布】

目前已经发现的蚜虫总共有10个科约4 400种，其中多数属于蚜科。蚜虫也是地球上最具破坏性的害虫之一。蚜虫主要分布在北半球温带地区和亚热带地区，热带地区分布很少。为害柑橘的蚜虫种类有橘蚜、棉蚜、绣线菊蚜、橘二叉蚜和桃蚜等。

【形态特征】

体长1.5～4.9毫米，多数约2毫米。有时被蜡粉，但缺蜡片。触角一般6节，少数5节，罕见4节，感觉圆圈形，罕见椭圆形，末节端部常长于基部。眼大，多小眼面，常有突出的3小眼面眼瘤。喙末节短钝至长尖。腹部大于头部与胸部之和。前胸与腹部各节常有缘瘤。腹管通常管状，长度常大于宽度，基部粗，向端部渐细，中部或端部有时膨大，顶端常有缘突，表面光滑或有瓦纹或端部有网纹，罕见生有或少或多的毛，罕见腹管环状或缺。尾片圆锥形、指形、剑形、三角形、五角形、盔形至半月形。尾板末端圆。表皮光滑、有网纹或皱纹或由微刺或颗粒组成的斑纹。体毛尖锐或顶端膨大为头状或扇状。有翅蚜触角通常6节，第3或3及4或3～5节有次生感觉圈。前翅中脉通常分为3支，少数分为2支。后翅通常有肘脉2支，罕见后翅变小，翅脉退化。翅脉有时镶黑边。身体半透明，大部分是绿色或是白色（图2-4-1）。

图2-4-1　柑橘蚜虫

【发生规律和为害症状】

以幼、若蚜和成蚜群集在嫩芽、嫩梢、花和花蕾与幼果上吸食为害，使新叶卷缩、畸形，并分泌大量蜜露，诱发煤烟病，使树体生长不良，造成落花、落果，影响产量（图2-4-2、图2-4-3）。年发生10～30代，以卵在蒲公英、夏枯草、荠菜等杂草的根部，或花椒、木槿和石榴的枝叶上越冬。在长江以南，以卵及无翅成蚜、若蚜越冬。第一高峰期出现在4月上中旬至5月下旬，正值柑橘春梢抽发期，食料丰富，发生量大，为害猖獗；第二高峰期出现在8月中旬至9月下旬，为害柑橘秋梢。

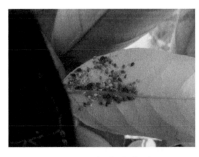

图2-4-2　蚜虫为害叶子

图2-4-3　蚜虫为害花蕾

【防治措施】

防治适期：春、秋新梢期（4月上旬至5月中旬、8月中旬至9月下旬）。防治指标：20%新梢有"无翅蚜"为害。药剂防治：选用10%或20%吡虫啉可湿性粉剂2 000～3 000倍液，或21%噻虫嗪悬浮剂3 000～4 000倍液，或3%啶虫脒可湿性粉剂1 000～2 000倍液等。保护和利用瓢虫、草蛉、食蚜蝇、蜘蛛、寄生蜂和寄生菌等天敌。

第五节　铜绿金龟子

【学名】

铜绿金龟子（*Anomala corpulenta* Motschulsky）。

【分类】

属于鞘翅目多食亚目丽金龟科。

【分布】

国内主要分布于黑龙江、吉林、辽宁、河北、内蒙古、宁夏、陕西、山西、山东、河南、湖北、湖南、安徽、江苏、浙江、江西、四川、广西、贵州、广东等地。

【形态特征】

成虫：体长19～21毫米，触角黄褐色，鳃叶状。前胸背板及鞘翅铜绿色具闪光，上面有细密刻点。鞘翅每侧具4条纵脉，肩部具疣突。前足胫节具2外齿，前、中足大爪分叉。卵：初产椭圆形，长182毫米，卵壳光滑，乳白色。孵化前呈圆形。幼虫：3龄幼虫体长30～33毫米，头部黄褐色，前顶刚毛每侧6～8根，排一纵列。脏腹片后部腹毛区正中有2列黄褐色长的刺毛，每列15～18根，2列刺毛尖端大部分相遇和交叉。在刺毛列外边有深黄色钩状刚毛。蛹长椭圆形，土黄色，体长22～25毫米。体稍弯曲，雄蛹臀节腹面有4裂的统状突起。卵光滑，呈椭圆形，乳白色。幼虫乳白色，头部褐色。蛹体长约20毫米，宽约10毫米，椭圆形，裸蛹，土黄色，雄末节腹面中央具4个乳头状突起，雌则平滑，无此突起。幼虫老熟体长约32毫米，头宽约5毫米，体乳白，头黄褐色近圆形，前顶刚毛每侧各为8根，成一纵列；后顶刚毛每侧4根斜列。额中刚毛每侧4根。肛腹片后部复毛区的刺毛列，各由13～19根长针状刺组成，刺毛列的刺尖常相遇，刺毛列前端不达复毛区的前部边缘（图2-5-1、图2-5-2）。

图2-5-1　铜绿金龟子（一）　　　图2-5-2　铜绿金龟子（二）

【发生规律和为害症状】

一年发生一代，以老熟幼虫越冬，翌年春季越冬幼虫上升活动，5月下旬至6月中下旬为化蛹期，7月上中旬是产卵期，7月中旬至9月是幼虫为害期，10月中旬后陆续进入越冬。少数以2龄幼虫、多数以3龄幼虫越冬。幼虫在春、秋两季为害最烈。铜绿金龟子是一种杂食性害虫，可为害柑橘及多种果树和林木。为害植物的叶、花、芽及果实等地上部分。成虫咬食叶片呈网状孔洞和缺刻，严重时仅剩主脉，群集为害时更为严重（图2-5-3）。

图2-5-3　铜绿金龟子为害症状

【防治措施】

防治适期：5—8月。防治指标：成虫2~3头/株。

1. 灯光诱杀

采用太阳能诱虫灯灭杀。

2. 人工捕杀

在树冠下铺上尼龙薄膜，用人力振落树冠上的成虫，予以杀死。

3. 翻土杀虫

冬季深翻土壤，杀死幼虫和成虫。

4. 药剂防治

成虫发生高峰期，选用18.75%氯氰菊酯乳油（富锐）1 500倍液，或20%甲氰菊酯乳油1 500倍液喷洒树冠。

5. 保护和利用寄生蜂等天敌

第六节　广翅蜡蝉

【学名】

广翅蜡蝉 [*Ricania speculum* （Walker）]。

【分类】

属于半翅目颈喙亚目蜡蝉科。

【分布】

广翅蜡蝉在我国主要分布在陕西、河南、江苏、浙江、湖北、台湾、广东等地。

【形态特征】

前翅褐色至烟褐色；翅外缘有两个较大的透明斑，其中前面的1个形状不规则，后面的1个长圆形，内有1个小褐斑；翅面上散布有白色蜡粉。后翅黑褐色，半透明，基部色略深，脉色深，中室端部有1个小透明斑。后足胫节外侧刺2根（图2-6-1、图2-6-2）。

图2-6-1　广翅蜡蝉若虫　　　　　图2-6-2　广翅蜡蝉成虫

【发生规律和为害症状】

南方地区一年发生2代，以第二代成虫在枯枝落叶、土缝中越冬，部分以卵在枝条内越冬。4月上旬上年越冬卵开始陆续孵化，4月中旬至6月中旬为若虫盛发期，6月下旬开始老熟羽化，7月中旬至8月中旬进入产卵期，9月上旬至10月下旬开始准备越冬。成虫、若虫群集在较荫蔽的枝干、嫩梢、花穗、果梗上刺吸汁液，所排出的蜜露易诱发煤烟病，致使树势衰弱，受害严重时造成落果或品质变劣。成虫产卵于当年生枝条内，影响枝条生长，重者产卵部以上枯死，削弱树势（图2-6-3、图2-6-4）。

图2-6-3　广翅蜡蝉为害叶片　　　　图2-6-4　广翅蜡蝉为害枝条

【防治措施】

1. 农业防治

结合果树整形修剪，剪除无效枝、过密的枝叶和着卵枝梗，适当修剪被害枝，以减少引虫的产卵和为害。

2. 人工防治

在若虫期，可用竹扫帚把若虫扫落，进行捕杀或放鸡啄食。

3. 生物防治

注意保护利用果园原有的天敌。

4. 药剂防治

对越冬成虫、各代成虫羽化盛期和若虫盛孵期，及时挑治1～2次。有效的药剂有2.5%溴氰菊酯（敌杀死）乳油2 500～3 000倍液，或2.5%氯氟氰菊酯乳油2 500倍液，或18.75%氯氰菊酯乳油（富锐）3 000倍液。

第七节　茶黄蓟马

【学名】

茶黄蓟马（*Scirtothrips dorsalis* Hood）。

【分类】

属于缨翅目（Thysanoptera）蓟马总科（Thripoidea）蓟马科（Thripidae）。

【分布】

柑橘蓟马在我国各柑橘产区均有分布，部分橘区可严重为害。主要分布于海南、广东、广西、云南、浙江、福建、台湾等省区；还分布于日本、印度、马来西亚、巴基斯坦等国家。

【形态特征】

黑色、褐色或黄色；头略呈后口式，口器锉吸式，能锉破植物表皮，吸吮汁液；触角6～9节，线状，略呈念珠状，一些节上有感觉器；翅狭长，边缘有长而整齐的缘毛，脉纹最多有两条纵脉；足的末端有泡状的中垫，爪退化；雌性腹部末端圆锥形，腹面有锯齿状产卵器，或呈圆柱形，无产卵器。触角5～9节感觉锥叉状或者简单；下颚须2～3节，下唇须2节；翅较窄，端部较窄尖，常略弯曲，有2根或者1根纵脉，少缺，横脉常退化；锯状产卵器腹向弯曲（图2-7-1）。

图2-7-1　柑橘蓟马

【发生规律和为害症状】

茶黄蓟马对柑橘影响最大。其特点：南方年发生7~8代，偏北地区5~6代，主要以蛹越冬。卵产于幼嫩组织的表皮中，孵化出的幼虫即开始吸取寄主汁液，至二龄时，爬到树皮、树干分叉处或地表枯叶中化蛹。果实受害部位常因品种不同而不同，温州蜜柑和伊予柑在果顶为害，文旦等柚类在果蒂部易受害。该虫以成、幼虫吸食柑橘的嫩叶、嫩梢和幼果的汁液，幼果受害处产生银白或灰白色的大疤痕。该虫喜欢在幼果的萼片或果蒂周围取食，幼果受害后外观受到较大损害，但对内质影响不大（图2-7-2、图2-7-3）。叶片也可受害，严重时叶片扭曲变形，生长势衰弱。

图2-7-2　柑橘蓟马果实为害状（一）　图2-7-3　柑橘蓟马果实为害状（二）

【防治措施】

防治适期：开花期和幼果期（4—7月）。防治指标：1头/果（花）。

加强虫口监测。方法是中午在树冠外围用10倍放大镜检查花和果实萼片附近的蓟马数量，每周查一次。当谢花后发现有5%~10%的花或幼果有虫时，或幼果直径达1.8厘米后有20%的果实有虫或受害时即可喷药防治。

1. 农业防治

在柑橘园或柑橘园附近勿种植茶树、葡萄、枇杷和花生等茶黄蓟马的寄主植物。

2. 药剂防治

选用2.5%溴氰菊酯（敌杀死）乳油2 500～3 000倍液，或2.5%氯氟氰菊酯2 500倍液，或18.75%氯氰菊酯乳油（富锐）3 000倍液，或20%甲氰菊酯（灭扫利）等拟除虫菊酯类2 000～4 000倍液。发生严重时，建议在药液中加入99%优质矿物油乳油（如绿颖）200倍液，可以明显提高防效。

第八节　大灰象虫

【学名】

大灰象虫［*Sympiezomias velatus*（Chevrolat）］。

【分类】

属于为鳞翅目象甲科。

【分布】

分布于浙江、重庆、贵州、广东、广西、海南、台湾等。除为害柑橘外，还为害烟草、玉米、花生、马铃薯、辣椒、甜菜、瓜类、豆类、苹果、梨、核桃、板栗等。

【形态特征】

成虫：体长10毫米左右，体黑色，密披灰白色鳞毛。前胸背板中央黑褐色，两侧及鞘翅上的斑纹褐色。头部粗而宽，表面有3条纵沟，中央1条沟黑色，头部前端呈三角形凹入，边缘生有长刚毛。前胸背板卵形，后缘较前缘宽，中央具1条细纵沟，整个胸部布满粗糙而凸出的圆点。小盾片半圆形，中央也有1条纵沟，鞘翅卵圆形，末端尖锐。鞘翅上各有1近环状的褐色斑纹和10条刻点列。后翅退化，前足胫节内缘具1列齿状突起。雄虫腹部窄长，鞘翅末端不缢缩，钝圆锥形；雌虫腹部膨大，胸部宽短，鞘翅末端缢缩，且较尖锐。卵：长1毫米，长椭圆形，初产时乳白色，两端半透明，近孵化时乳黄色。数十粒卵粘在一起成为一个卵块。幼虫：老熟幼虫体长14毫米，乳白色。头部米黄色，上颚褐色，先端具有两齿，后方有一钝齿。虫体弯曲成"C"形，无足。蛹：体长9~10毫米，长椭圆形，体乳黄色，复眼褐色。头管下垂达于前胸，上颚较大，盖于前足跗节基部。触角向后斜伸垂于前足腿节基部。头顶及腹背疏生刺毛。尾端向腹面弯曲，其末端两侧各生1刺（图2-8-1、图2-8-2）。

图2-8-1　大灰象虫（一）　　　图2-8-2　大灰象虫（二）

【发生规律和为害症状】

大灰象虫两年发生1代。以成虫和幼虫越冬。越冬代成虫4月开始活动，5月开始产卵，6月见幼虫，9月后逐渐越冬，来年6月见蛹，7月成虫羽化，后越冬。以成虫为害柑橘的新叶、幼果和花，老叶受害常造成缺刻，嫩叶受害严重时被吃光，嫩梢被啃食成凹沟，严重时萎蔫枯死（图2-8-3）。啃食幼果，果皮表面残留伤痕。

图2-8-3 大灰象虫为害状

【防治措施】

防治适期：4—6月，防治指标：有为害即治。

人工捕杀和诱杀：成虫上树后，可振摇树枝，使其掉落在树下的尼龙布上，然后集中消灭。成虫盛发期，在园内堆放新鲜杂草，诱集后杀灭。阻止上树：4月上旬左右用尼龙薄膜包扎树干，在其上涂30～40厘米宽的胶环阻止成虫上树。黏胶用蓖麻油（40份）、松香（60份）、黄蜡（2份）制成。先将油加热至120℃，慢慢加入敲碎的松香，不断地搅拌。待溶化后，再加入黄蜡，溶后冷却即成。药剂防治：在成虫出土期，用18.75%氯氰菊酯乳油（富锐）1 500倍液喷洒地面。在成虫为害期，选用2.5%溴氰菊酯（敌杀死）乳油2 500～3 000倍液，或2.5%氯氟氰菊酯2 500倍液，或18.75%氯氰菊酯乳油（富锐）3 000倍液，或20%甲氰菊酯1 500倍液喷洒树冠。

第九节　柑橘红（黄）圆蚧

【学名】

柑橘红圆蚧（*Aonidiella aurantii*），柑橘黄圆蚧（*Aonidiella citrina* Cog）。

【分类】

柑橘红（黄）圆蚧属于同翅目盾蚧科。

【分布】

在我国各柑橘种植区均有分布。

【形态特征】

柑橘红圆蚧：雌成虫介壳扁圆形，直径1.8～2毫米。第一壳点在中央，略突起，颜色较深，呈暗褐色。壳点中央略尖，呈脐状。边缘平阔，红棕色。介壳透明，可窥见内部肾脏形虫体。雄成虫：体橙黄色，眼紫色，有触角和翅各1对，足3对，尾部有一针状之交尾器。体长1毫米，翅展1.8毫米，雄介壳椭圆形，淡灰黄色，外缘色淡，蜕皮偏向一端，长1毫米。卵：宽椭圆形，淡黄色到橙黄色。若虫：橙黄色，阔卵形。柑橘黄圆蚧：壳点褐色，较扁平，位于介壳中央或近中央。雌成虫的大小和形状，有时连色泽都与黄圆蚧极相似。其主要区别为：黄圆蚧有阴前骨但无阴前斑；阴侧褶常不太硬化；3对发达的臀叶常较红圆蚧细长；第四臀叶常硬化；臀板上的背腺管较红圆蚧少，明显地排成3纵列。雄虫介壳长椭圆形，长约1.3毫米，壳点偏于一端，色泽和质地同雌介壳。卵淡黄色，近椭圆形。一龄若虫黄白色，透明，椭圆形；二龄淡黄色，圆形，触角和足均消失。

【发生规律和为害症状】

柑橘红（黄）圆蚧一年发生2～4代，以受精雌虫越冬。第二年5—6月间，母体腹内卵孵化后才产出若虫。若虫共2龄。雌体经蜕皮后发育为雌成虫，雄体蜕皮后经预蛹、蛹再羽化为雄成虫。分别于8月、10月间出现一、二代成虫。雌虫喜群集于叶背面，雄虫则多聚生于叶正面。苗木靠近地面的叶子上，常常成群聚生。各代幼蚧的发生高峰期分别出现在6月中旬、8月、10月上中旬和11月中旬至12月上旬。在福州每年发生4代，各代一龄若虫的发生盛期分别为6月中旬、7月下旬至8月上旬、9月中旬和10月下旬。其中第一代发生整齐，第二代开始明显重叠。第一代若虫主要在叶片上为害，第二代开始以果实为害，第三、四代果实上虫口数量大增。通常以第二代发生量最大。黄圆蚧的抗寒力较红圆蚧强，其他习性与红圆蚧相似。天敌种类除单带巨角跳小蜂及浅三角片四节蚜小蜂仅在黄圆蚧上发现外，其余也与红圆蚧相似。主要为害叶片、果实，有时也为害枝条（图2-9-1、图2-9-2）。发生严重时，能使枝叶枯死。

图2-9-1　柑橘黄圆蚧果实为害状

图2-9-2　柑橘红圆蚧果实为害状

【防治措施】

（1）重剪虫枝，结合用药挑治，加强肥水管理，增强树势。

（2）保护利用天敌，将药剂防治时期限制在第2代若虫发生前或在果实采收后，可少伤害天敌。也可引移释放天敌。

（3）搞好虫情测报，用药主要为第1代若虫。一般在5月底至6月上中旬，在确定第1代若虫初见之后的21天、56天各喷1次药。

（4）药剂防治：重点抓住第1代若虫孵化盛期，选择99%优质矿物油乳油（如绿颖）150～200倍液或22%氟啶虫胺腈悬浮剂（特福力）4 000倍液1次，发生严重的园块隔15～20天左右再交替喷药1次；至7—9月，再选择99%优质矿物油乳油（如绿颖）150～200倍液、或25%喹硫磷乳油1 000倍液加25%噻嗪酮可湿性粉剂（扑虱灵）1 000倍液防治1～2次。

第十节　柑橘红蜡蚧

【学名】

红蜡蚧［*Ceroplastes rubens*（Maskell）］。

【分类】

属于同翅目蜡蚧科蜡蚧属。

【分布】

分布于中国的华南、西南、华中、华东、华北及北方温室。成虫和若虫密集寄生在植物枝干上和叶片上，吮吸汁液为害。雌虫多在植物枝干上和叶柄上为害，雄虫多在叶柄和叶片上为害，并能诱发煤污病，致使植株长势衰退，树冠萎缩，全株发黑，严重为害则造成植物整株枯死。在我国各柑橘产区均有分布，局部地区为害严重。其寄主以芸香科植物为主，如柑橘、枇杷、龙眼、荔枝、樱桃、苹果、梨、杨梅等60多种。成虫和若虫多聚集在枝梢上吸取汁液，叶片及果实上也有寄生，导致枝梢枯死，并分泌蜜露，诱发煤病，引起植株抽梢少，叶片稀少，枯枝多，影响果实产量和品质。

【形态特征】

雌成虫：椭圆形，背面有较厚暗红色至紫红色的蜡壳覆盖，蜡壳顶端凹陷呈脐状。有4条白色蜡带从腹面卷向背面。虫体紫红色，触角6节，第3节最长。雄成虫：体暗红色，前翅一对，白色半透明。卵：椭圆形，两端稍细，淡红至淡红褐色，有光泽（图2-10-2）。若虫：初孵时扁平椭圆形，淡褐色或暗红色，腹端有两根长毛；二龄若虫体稍突起，暗红色，体表被白色蜡质；三龄若虫蜡质增厚，触角6节，触角和足颜色较淡（图2-10-1）。

图2-10-1　柑橘红蜡蚧若虫　　　图2-10-2　柑橘红蜡蚧成虫

【发生规律和为害症状】

红蜡蚧一年发生一代，以受精雌成虫越冬。田间发生的雌虫明显多于雄虫，占总蚧量的90%以上。通常在5月中旬开始产卵，5月下旬至6月上旬为产卵盛期，卵期1~2天。初孵若虫爬行约半小时后陆续在枝梢和叶片上固定下来，固定后2~3天开始分泌白色蜡质。雌若虫蜕皮3次，一龄若虫期有20~25天，其发生盛期一般在5月下旬至6月中旬前后。雌虫多固定在枝条上，雄虫多寄生在叶柄或叶背沿叶脉处（图2-10-3）。

图2-10-3 柑橘红蜡蚧为害状

【防治措施】

以化学农药防治为主，结合农业防治和保护利用天敌资源。

1. 农业防治

结合修剪，剪去有虫枝梢，更新树冠；加强肥水管理，促发新梢，恢复树势。生物防治，保护利用天敌，后期应控制用药。

2. 化学防治

防治适期：春梢萌芽前；若虫高峰期至盛末期（6月上旬至7月上旬），或当年生春梢枝上幼蚧初见后20~25天。防治指标：1~2年生枝条10%发现有若虫。防治药剂参照红（黄）圆蚧的防治。

第十一节　柑橘吹绵蚧

【学名】

吹绵蚧别名吹绵蚧壳虫（*Icerya purchasi*），又名绵团蚧、绵籽蚧、白蚰、白橘虱等。

【分类】

属于半翅目蚧科绵蚧属。

【分布】

吹绵蚧在我国各柑橘产区均有分布，曾在许多柑橘园中为害成灾。寄主有柑橘、苹果、梨等50余科250多种植物。

【形态特征】

雌成虫椭圆形或长椭圆形，橘红色或暗红色，体表面生有黑色短毛，背面被有白色蜡粉并向上隆起，而以背中央向上隆起较高，腹面则平坦，眼发达，具硬化的眼座，黑褐色，触角黑褐色，位于虫体腹面头前端两侧，触角11节，第1节宽大，第2和第3节粗长，从第4节开始直至第11节皆呈念珠状，每节生有若干细毛，但第11节较长，其上细毛也较多，足3对较强劲，黑色胫节稍有弯曲，瓜具二根细毛状爪冠毛，较短，腹气门2对，腹裂3个，虫体上的刺毛呈毛状，沿虫体边缘形成明显的毛群，多孔腺明显分为2种类型，大小相差不多，较大的中央具一个圆形小室和周围一圈小室，较小的中央具一个长形小室和周围一圈小室。雌成虫初无卵囊，发育到产卵期则渐渐生出白色半卵形或长形的隆起卵囊，很突出，不分裂是一整体，但有明显的纵行沟纹约15条，卵囊与虫体腹部约为45°角向后伸出（图2-11-1）。

图2-11-1　柑橘吹绵蚧

【发生规律和为害症状】

在华南、四川和云南南部一年发生3~4代，在长江流域一年发生2~3代。年发生3~4代的地区，以成虫、卵和各龄若虫在主干和枝叶上越冬，年发生2~3代的地区主要以若虫和未带卵囊的雌成虫越冬，若虫和雌成虫群集于寄主的枝干、叶片和果实上为害，吸取植株汁液，导致落叶落果及枝条枯死，易诱发煤烟病（图2-11-2、图2-11-3）。

图2-11-2　柑橘吹绵蚧为害状（一）　　图2-11-3　柑橘吹绵蚧为害状（二）

【防治措施】

防治适期：春梢萌芽前（约2月中旬至3月上旬）；第1代若虫盛发期（5月中旬至6月中旬）；第2代若虫盛发期（8月中旬至9月上旬）；第3代若虫盛发期（约10月上旬至11月上旬）。防治方法参考红（黄）圆蚧。

第十二节　柑橘矢尖蚧

【学名】

柑橘矢尖蚧［*Unaspis yanonensis*（Kuwana）］，别称箭头蚧。

【分类】

属于同翅目盾蚧科。

【分布】

在我国各柑橘产区均有分布。

【形态特征】

雌成虫介壳箭头形，前尖后宽，中央有一纵脊，长2~4毫米，黄褐色至棕褐色，边缘灰白色，虫体则为橙黄色。雄虫介壳狭长形，背面有3条纵脊，长1.3~1.6毫米，粉白色，蜡质（图2-12-1）。雄成虫橙黄色，体长0.6毫米，具透明前翅1对，翅展1.7毫米（图2-12-2）。若虫介壳淡黄色，若虫虫体则为橙黄色，其介壳及虫体均较成虫。

图2-12-1　柑橘矢尖蚧雌虫

图2-12-2　柑橘矢尖蚧雄虫

【发生规律和为害症状】

在浙江每年发生2~3代，广东、福建每年发生3~4代，世代重叠严重，多以受精雌成虫越冬，少数以若虫和蛹越冬。带虫叶片在橘园内随风飘动是矢尖蚧传播的主要途径；枝梢、叶片和果实的相互接触和带虫苗木、果实、接穗也是传播途径之一，局部地区可造成非常严重的为害，可为害柑橘的叶片、枝条和果实，吸取营养，导致叶片褪绿发黄，严重时叶片卷缩、干枯，树势衰弱，甚至引起植株死亡，果面被害处布满虫壳且青而不着色，影响商品价值（图2-12-3）。

图2-12-3　柑橘矢尖蚧为害状

【防治措施】

防治适期：春梢萌芽前（2月中旬至3月上旬）；第1代若虫盛末期（5月中下旬），即花后25～30天，或柑橘园中个别雄虫背面出现白色蜡状物后的5天内；第2代若虫盛发期（7月中旬至9月上旬）；第3代若虫盛发期（9月上旬至10月中旬）。防治指标：2月中旬至3月上旬，越冬代雌成虫0.5头/梢或10%叶片发现有若虫；5—10月，若虫3～4头/梢，或者10%叶片或果实发现有若虫为害。防治方法：同红（黄）圆蚧，抓第1代。

第十三节　柑橘木虱

【学名】

柑橘木虱［*Diaphorina citri*（Kuwayama）］。

【分类】

属于同翅目木虱科。

【分布】

主要分布区在广东、广西、福建、海南、浙江、江西、湖南、云南、贵州和四川的部分柑橘产区。

【形态特征】

成虫体长约3毫米，体灰青色且有灰褐色斑纹，被有白粉。头顶突出如剪刀状，复眼暗红色，单眼3个，橘红色。触角10节，末端2节黑色。前翅半透明，边缘有不规则黑褐色斑纹或斑点散布，后翅无色透明。足腿节粗壮，跗节2节，具2爪。腹部背面灰黑色，腹面浅绿色。雌虫孕卵期腹部橘红色，腹末端尖，产卵鞘坚韧，产卵时将柑橘芽或嫩叶刺破，将卵柄插入。卵似芒果形，橘黄色，上尖下钝圆有卵柄，长0.3毫米（图2-13-1、图2-13-2）。若虫刚孵化时体扁平，黄白色，2龄后背部逐渐隆起，体黄色，有翅芽露出。3龄带有褐色斑纹。5龄若虫土黄色或带灰绿色，翅芽粗，向前突出，中后胸背面、腹部前有黑色斑状块，头顶平，触角2节。复眼浅红色，体长1.59毫米（图2-13-3）。柑橘木虱是柑橘黄龙病的传病媒介昆虫，也是柑橘各次新梢的重要害虫。以成虫在嫩芽上吸取汁液和产卵，若虫群集在幼芽和嫩叶上为害，导致新梢弯曲，嫩叶变形。若虫的分泌物会诱发煤烟病。

图2-13-1　柑橘木虱成虫（一）

图2-13-2　柑橘木虱成虫（二）

图2-13-3　柑橘木虱若虫

【发生规律和为害症状】

浙东南沿海每年发生5～7代，以成虫在寄主叶背越冬，在暖冬年份少量老熟若虫也可越冬。虫口密度增长常与抽梢期相一致。能越冬的第二年，于3月至4月上旬开始产卵，4月中下旬为产卵高峰期；夏梢上产卵的高峰期在5月下旬、6月下旬及7月中下旬；秋梢上产卵高峰期为8月中旬至9月上旬。不能越冬的橘区，发生高峰期为7月至8月上旬、9月至10月，其中以7月下旬至8月为全年的最盛期（图2-13-4）。

图2-13-4　柑橘木虱为害状

【防治措施】

防治适期：各抽梢期，第1、第2、第3代若虫盛发期（4月中旬至7月中旬）、第4、第5、第6代若虫盛发期（约8月上旬至10月中旬）、11月下旬。防治指标：由于其能携带黄龙病菌并传播，所以一旦发现有若虫为害即需要防治。保护和利用瓢虫、寄生蜂、草蛉、蜘蛛和寄生菌等天敌。药剂防治：药剂可选用10%或20%吡虫啉可湿性粉剂2 000～3 000倍液，或3%啶虫脒可湿性粉剂1 500倍液、25%噻嗪酮1 000倍液，或拟除虫菊酯类农药等。同时，建议在进行化学药剂防治时与99%优质矿物油乳油（如绿颖）150～200倍液进行桶混并均匀喷雾，可显著提高防效。

第十四节　蜗　牛

【学名】

蜗牛（*Fruticicolidae*）。

【分类】

属于腹足纲肺螺亚纲蜗牛科。

【分布】

在我国长江流域各省及山东、河北、陕西、内蒙古、台湾、广西和广东等地均有分布。

【形态特征】

蜗牛的整个躯体包括眼、口、足、壳、触角等部分，身背螺旋形的贝壳，其形、颜色大小不一，它们的贝壳有宝塔形、陀螺形、圆锥形、球形、烟斗形等（图2-14-1）。在我国常见的蜗牛有同型巴蜗牛、非洲大蜗牛和灰蜗牛等，其生活发生规律和为害症状及防治方法以同型巴蜗牛为例作介绍。

图2-14-1　蜗牛

【发生规律和为害症状】

同型巴蜗牛，又叫蜒蚰螺、小螺蛳和旱螺等，柑橘叶片常被其吃成缺刻，枝条皮层常被其取食，柑橘果实被其取食后形成凹坑状（图2-14-2）。年发生2代。第1代在4月中旬至5月下旬发生、第2代在8月中旬至10月中旬发生。蜗牛喜欢在阴暗潮湿、疏松多腐殖质的环境中生活，昼伏夜出，最怕阳光直射，对环境反应敏感。最适合环境：温度16～30℃（23～30℃时，生长发育最快）；空气湿度60%～90%；饲养土湿度40%左右；pH值为5～7。当温度低于15℃，高于33℃时休眠，低于5℃或高于40℃，则可能被冻死或热死，但是各种蜗牛各不相同。蜗牛喜欢钻入疏松的腐殖土中栖息、产卵、调节体内湿度和吸取部分养料，时间可长达12小时之久。杂食性和偏食性并存，喜潮湿怕水淹。在潮湿的夜间，投入湿漉的食料，蜗牛的食欲活跃。但水淹可使蜗牛窒息。自食生存性。小蜗牛一孵出，就会爬动和取食，不要母体照顾。当受到敌害侵扰时，它的头和足便缩回壳内，并分泌出黏液将壳口封住；当外壳损害致残时，它能分泌出某些物质修复肉体和外壳。蜗牛具有惊人的生存能力，对冷、热、饥饿、干旱有很强的忍耐性。温度恒定在25～28℃时，生长发育和繁殖旺盛。蜗牛在爬行时，还会在地上留下一行黏液，这是它体内分泌出的一种液体，即使走在刀刃上也不会有危险。

图2-14-2　蜗牛为害状

【防治措施】

防治适期：4—10月。防治指标：5～8头/米^2。

1. 生物防治

养鸡鸭啄食，每只鸡每天能食蜗牛200头以上，效果很好。

鸡鸭啄食：在蜗牛发生前，可放鸡鸭到柑橘园啄食。菜叶诱捕：傍晚时分，在田内设置若干较大的菜叶或新鲜的草堆，夜间蜗牛躲藏其下，可于次日清晨揭开菜叶，将诱集的蜗牛集中杀死。

2. 农业防治

中耕曝晒：在产卵盛期中耕松土，晒死大量虫卵。石灰驱杀：用石灰粉、草木灰等撒施驱杀。大雨过后，在作物的周围撒施一层石灰粉，厚3～5毫米，宽40～50厘米，蜗牛经过石灰粉后，就会被石灰粉腌死。

3. 化学防治

所有药剂应在蜗牛大量出现又未交配的4月中旬和大量上树前的5月中、下旬两个有利时期使用。选用5%四聚乙醛颗粒剂（梅塔），或8%灭蜗灵颗粒剂或6%密达颗粒剂等，在蜗牛盛发期的晴天傍晚撒施。同时，深翻土壤可杀死部分螺体，减少蜗牛密度。

第十五节 蛞 蝓

【学名】

蛞蝓（*Agriolimax agrestis* Linnaeus）。

【分类】

属于腹足纲柄眼目蛞蝓科。

【分布】

广泛分布于全国各柑橘种植区域。

【形态特征】

　　像没有壳的蜗牛，成虫体伸直时体长30～60毫米，体宽4～6毫米，内壳长4毫米，宽2.3毫米，长梭形，柔软、光滑而无外壳，体表暗黑色、暗灰色、黄白色或灰红色，触角2对，暗黑色，下边一对短约1毫米，称前触角，有感觉作用，上边一对长约4毫米，称后触角，端部具眼，口腔内有角质齿舌，体背前端具外套膜，为体长的1/3，边缘卷起，其内有退化的贝壳（即盾板），上有明显的同心圆线，即生长线，同心圆线中心在外套膜后端偏右，呼吸孔在体右侧前方，其上有细小的色线环绕，崎钝，黏液无色（图2-15-1）。在右触角后方约2毫米处为生殖孔，卵椭圆形，韧而富有弹性，直径2～2.5毫米，白色透明可见卵核，近孵化时色变深，初孵幼虫体长2～2.5毫米，淡褐色，体形同成体。

图2-15-1　蛞蝓

【发生规律和为害症状】

以成虫体或幼体在作物根部湿土下越冬，5—7月在田间大量活动为害，入夏气温高，活动减弱，秋季气候凉爽后，又活动为害（图2-15-2）。完成一个世代约250天，5—7月产卵，卵期16～17天，从孵化至成贝性成熟约55天。成贝产卵期可长达160天，蛞蝓雌雄同体，异体受精，亦可同体受精繁殖，卵产于湿度大有隐蔽的土缝中，每隔1～2天产一次，每次1～32粒，每处产卵10粒左右，平均产卵量为400余粒，野蛞蝓怕光，强光下2～3小时即死亡，因此均夜间活动，从傍晚开始出动，晚上10—11时达高峰，清晨之前又陆续潜入土中或隐蔽处。耐饥力强，在食物缺乏或不良条件下能不吃不动，阴暗潮湿的环境易于大发生，当气温11.5～18.5℃，土壤含水量为20%～30%时，对其生长发育最为有利。5月中下旬为害严重。蛞蝓数量较多的橘园，几天内能够把全部幼嫩组织吃光。

图2-15-2 蛞蝓为害根部

【防治措施】

1. 农业防治

搞好田间卫生，清除杂草、枯枝落叶，并在树体四周地面覆盖一层生石灰；采用高畦栽培、地膜覆盖、破膜提苗等方法，以减少为害。施用充分腐熟的有机肥，创造不适于蛞蝓发生和生存的条件。

2. 物理防治

麸皮、菜叶制成毒饵，撒在树体四周以隔离为害。

3. 药剂防治

参考同型巴蜗牛。

第十六节　吸果夜蛾类

【学名】

柑橘吸果夜蛾（*Oraesia excavate* Butler）。

【分类】

属于鳞翅目夜蛾科嘴壶夜蛾属。

【分布】

为害柑橘的吸果夜蛾主要有嘴壶夜蛾、鸟嘴壶夜蛾、枯叶夜蛾、斜纹夜蛾等多种，在国内橘区均有发生，除为害柑橘外，也为害苹果、梨、葡萄等多种果类。

【形态特征】

以鸟嘴壶夜蛾为例：成虫头部、前胸及足赤橙色，中、后胸淡褐色，腹部腹面灰黄色，背面灰褐色；前翅褐色带紫，后翅淡褐色，前翅翅尖向外缘突出，下唇须前端尖长，形似鸟嘴，卵扁球形，表面密布纵纹，初产时黄白色，幼虫腹足（包括臀足）仅4对，第一龄头部黄色，体淡灰褐色，其余各龄体漆黑色，但体背面的黄色或白色斑纹处杂有大黄斑一个、小红斑数个、中红斑一个，呈纵线状排列，蛹赤褐色，体表密布小刻点，腹部5~7节前缘有一横列深刻纹（图2-16-1）。

图2-16-1　鸟嘴壶夜蛾

【发生规律和为害症状】

年发生3~4代，以幼虫及蛹越冬，幼虫全年可见，5—11月均可发现成虫，幼虫食害木防己等寄主植物的叶片成缺刻与孔洞。成虫以其构造独特的虹吸式口器插入成熟柑橘果实吸取汁液，造成大量落果及贮运期间烂果（图2-16-2、图2-16-3）。

【防治措施】

（1）铲除橘园周围幼虫寄主木防己、汉防己等，可以减轻为害。

（2）将剥皮橘子浸在30倍液的50%乙基辛硫磷乳油中3分钟，再挂在柑橘园内诱杀吸果夜蛾。

（3）安装黑光灯、高压汞灯或频振式诱杀灯，灯高2米，灯下放木盆，盆内盛水，加几滴柴油或煤油。

（4）果实套袋。早熟薄皮品种在8月中旬至9月上旬用纸袋包果，套袋前应防治锈壁虱，中熟品种可在10月中上旬进行。

（5）药剂防治。开始为害时树冠喷洒2.5%溴氰菊酯（敌杀死）乳油2 500～3 000倍液，或2.5%氯氟氰菊酯2 500倍液、或18.75%氯氰菊酯乳油（富锐）3 000倍液，或20%甲氰菊酯（灭扫利）等拟除虫菊酯类药剂。

图2-16-2　夜蛾为害状（一）　　　图2-16-3　夜蛾为害状（二）

第十七节　柑橘潜叶蛾

【学名】

潜叶蛾（*Phyllocnistis citrella* Stainton）。

【分类】

属于昆虫纲鳞翅目潜叶蛾科。

【分布】

我国各柑橘区均有分布，但长江以南受害最重。也见于亚洲其他地区和非洲、大洋洲。

【形态特征】

　　成虫为银白色的小蛾，体长约2毫米，翅展5毫米左右，前翅披针状，翅基部有两条褐色纵纹，翅中部具"Y"字形黑条纹，翅尖有一黑色圆斑，后翅针叶形，缘毛甚长，幼虫体长4毫米，体扁平，黄绿色（图2-17-1）。

图2-17-1　柑橘潜叶蛾

【发生规律和为害症状】

　　潜叶蛾在我国大部分地区一年发生10代左右，以蛹在为害部位越冬，初见期从6月中旬至8月上旬不等，年际间初见为害期差异很大，发生轻的年份全年偶见或少见为害，发生重的年份多于8—9月大量为害秋梢成虫将卵产于0.5～2.5厘米长的嫩叶背面的叶脉两旁，幼虫孵出后即钻入表皮下为害，老熟后常将叶片边缘卷起，裹在里面化蛹，幼虫潜入柑橘嫩叶梢表皮下取食，形成弯曲隧道，被害叶严重卷曲，易于脱落，影响生长，尤以苗圃幼树受害较重，在叶上为害造成的伤口，常诱致溃疡病蔓延（图2-17-2、

图2-17-3）。长江流域至华南一年发生约8~15代，夏秋两季发生最盛，以蛹或幼虫越冬，卵多散产于嫩叶背面，幼虫孵化后，即潜入表皮下取食，老熟幼虫在近叶缘处把叶缘卷起包围身体，结茧化蛹。

图2-17-2　柑橘潜叶蛾为害状（一）

图2-17-3　柑橘潜叶蛾为害状（二）

【防治措施】

1. 农业防治

冬春季修剪去除虫枝，抹除夏梢，摘除零星早发秋梢，8月中旬统一放秋梢，发生量较少时可不进行药剂防治，采取人工摘除受害叶片的方法即可。

2. 药剂防治

在秋梢抽发期（8月上中旬至9月上旬），发现有虫害叶时进行防治，放梢后查嫩梢虫（卵）率达到30%时开始喷第一次药，隔5天喷第二次，即可控制为害。若潜叶蛾发生量较大，则再隔7天喷第三次药。药剂可选用1.8%阿维菌素乳油2 000~4 000倍液均匀喷雾，或50克/升氟虫脲可分散液剂800~1 200倍液均匀喷雾。

第十八节　柑橘凤蝶

【学名】

柑橘凤蝶（*Papilio xuthus* Linnaeus）。

【分类】

属于昆虫纲鳞翅目凤蝶科。

【分布】

除新疆未见外，全国各省均有分布，幼虫以柑橘、枸橘、黄檗、吴茱萸及花椒类植物为食，对上述作物为害较大。

【形态特征】

成虫有春型和夏型两种，春型体长21～24毫米，翅展69～75毫米；夏型体长27～30毫米，翅展91～105毫米。雌略大于雄，色彩不如雄艳，两翅上斑纹相似，体淡黄绿至暗黄，体背中央有黑色纵带，两侧黄白色，前翅黑色近三角形，近外缘有8个黄色月牙斑，翅中央从前缘至后缘有8个由小渐大的黄斑，中室基半部有4条放射状黄色纵纹，端半部有2个黄色新月斑，后翅黑色，近外缘有6个新月形黄斑，基部有8个黄斑；臀角处有1橙黄色圆斑，斑中心为1黑点，有尾突，卵近球形，直径1.2～1.5毫米，初黄色，后变深黄，孵化前紫灰至黑色（图2-18-2）。幼虫体长45毫米左右，黄绿色，后胸背两侧有眼斑，后胸和第1腹节间有蓝黑色带状斑，腹部4节和5节两侧各有1条蓝黑色斜纹分别延伸至5节和6节背面相交，各体节气门下线处各有1白斑，臭腺角橙黄色（图2-18-1）。1龄幼虫黑色，刺毛多，2～4龄幼虫黑褐色，有白色斜带纹，虫体似鸟粪，体上肉状突起较多，蛹体长29～32毫米，鲜绿色，有褐点，体色常随环境而变化，中胸背突起较长而尖锐，头顶角状突起中间凹入较深。黄绿色，后胸背两侧有眼斑，在后胸和第1腹节间。蛹纺锤形。

图2-18-1　柑橘凤蝶幼虫　　　　　图2-18-2　柑橘凤蝶成虫

【发生规律和为害症状】

　　1年发生4～6代，世代重叠，4—11月均可见成虫活动，卵产于嫩梢、叶上，幼虫3龄前食叶肉，老熟幼虫食全叶，受惊时会伸出橘黄色臭腺，幼虫食芽、叶，初龄食成缺刻与孔洞，稍大常将叶片吃光，只残留叶柄（图2-18-3）。苗木和幼树受害较重。

图2-18-3　柑橘凤蝶为害状

【防治措施】

1. 物理防治

捕杀幼虫和蛹，摘除卵块。

2. 生物防治

用蛹供寄生蜂寄生后田间释放。

3. 药剂防治

在幼虫为害高峰期喷药防治，药剂可选5%甲维盐乳油3 000倍液，或用1.8%阿维菌素乳油1 500倍液均匀喷雾。

第十九节　柑橘粉虱

【学名】

柑橘粉虱［*Dialeurodes citri*（Ashmead）］，别名橘黄粉虱、橘绿粉虱、通草粉虱。

【分类】

属于同翅目粉虱科。

【分布】

在我国各柑橘种植区均有分布。

【形态特征】

雌成虫：体长1.2毫米，黄色，被有白色蜡粉，翅半透明，亦敷有白色蜡粉，复眼红褐色，分上下两部，中有一小眼相连。触角第3节较第4、第5两节之和长，第3～7节上部有多个膜状感觉器。雄成虫：体长0.96毫米，阳具与性刺长度相似，端部向上弯曲；卵：椭圆形，长0.2毫米，宽0.09毫米，淡黄色，卵壳平滑，以卵柄着生于叶上。若虫：初孵时，体扁平椭圆形，淡黄色，周缘有小突起17对。蛹：蛹壳略近椭圆形，自胸气道口至横蜕缝前的两侧微凹陷，胸气道明显，气道口有两瓣，成虫末羽化前蛹壳呈黄绿色，可以透见虫体；羽化后的蛹壳呈白色，透明，壳薄而软，长1.35毫米，宽1.4毫米，壳缘前、后端各有1对小刺毛，背上有3对疣状的短突，其中2对在头部，1对在腹部的前端。管状孔圆形，其后缘内侧有多数不规则的锐齿。孔瓣半圆形，侧边稍收缩，舌片不见。靠近管状孔基部腹面有细小的刚毛1对（图2-19-1）。

图2-19-1 柑橘粉虱

【发生规律和为害症状】

一年发生3代，热带地区可发生6代，以若虫及蛹越冬。第1代成虫在4月出现，第2代在6月，第3代在8月。卵产于叶背面，每雌成虫能产卵125粒左右；有孤雌生殖现象，所生后代均为雄虫，若虫群集叶背吸食汁液，抑制植物及果实发育，并诱致煤烟病（图2-19-2、图2-19-3）。

【防治措施】

抓住成虫和1～2龄若虫盛发期用药。喷药时，除重点喷洒于树冠的内膛和叶背外，还要注重对果园杂草和围篱的防治，才能彻底有效地消除粉虱及其诱发的煤烟病的为害。

（1）结合柑橘冬春修剪，剪除密生枝、病虫枝，改善通风透光条件，减少越冬虫源。

（2）加强肥水管理，合理稀植，增强树体的抗性。

（3）加强对柑橘粉虱的预测预报工作。

（4）药剂防治：于清晨或傍晚喷施99%优质矿物油乳油150~200倍液加25%噻嗪酮（扑虱灵）1 000倍液1~2次。

对于诱发的煤烟病，在彻底消灭害虫的基础上，可用99%矿物油乳油（绿颖）150~200倍液喷施防治，以杀灭煤烟病菌，或采用99%矿物油乳剂（绿颖）250倍液喷施，经过一段时间的风吹雨淋，黑霉层即干裂脱落，树体又可恢复正常的生长发育。

图2-19-2　柑橘粉虱为害状（一）　　图2-19-3　柑橘粉虱为害状（二）

第二十节　油桐尺蠖

【学名】

油桐尺蠖（*Buasra suppressaria* Guenee），又名大尺蠖、桉尺蠖、量步虫。

【分类】

属于鳞翅目尺蛾科的一种食叶性害虫。

【分布】

油桐尺蛾在中国主要柑橘产区都有分布。

【形态特征】

雌成虫体长24～25毫米，翅展67～76毫米，触角丝状，体翅灰白色，密布灰黑色小点，翅基线、中横线和亚外缘线系不规则的黄褐色波状横纹，翅外缘波浪状，具黄褐色缘毛，足黄白色，腹部末端具黄色茸毛。雄蛾体长19～23毫米，翅展50～61毫米，触角羽毛状，黄褐色，翅基线、亚外缘线灰黑色，腹末尖细（图2-20-1）。卵：长0.7～0.8毫米，椭圆形，蓝绿色，孵化前变黑色，常数百至千余粒聚集成堆，上覆黄色茸毛。幼虫：末龄幼虫体长56～65毫米。初孵幼虫长2毫米，灰褐色，背线、气门线白色。体色随环境变化，有深褐、灰绿、青绿色。头密布棕色颗粒状小点，头顶中央凹陷，两侧具角状突起。前胸背面生突起2个，腹面灰绿色，别于云尺蠖，腹部第八节背面微突，胸腹部各节均具颗粒状小点，气门紫红色（图2-20-2）。蛹：长19～27毫米，圆锥形，头顶有一对黑褐色小突起，翅芽达第四腹节后缘。臀棘明显，基部膨大，凹凸不平，端部针状。

图2-20-1 柑橘尺蠖成虫

图2-20-2 柑橘尺蠖幼虫

【发生规律和为害症状】

湖南年生2~3代，广东、广西年生3~4代。以蛹在土中越冬，翌年3—4月成虫羽化产卵。一代成虫发生期与早春气温关系很大，温度高，始蛾期早。湖南长沙一代成虫寿命6.5天，二代5天；卵期一代15.4天，二代9天；幼虫期一代33.6天，二代35.1天；蛹期一代36天，越冬蛹期195天。广东英德成虫寿命3~6天，卵期8~17天，幼虫期23~54天，非越冬蛹14天左右。在柳州幼虫盛发期分别在5月上旬、7月中旬和9月上旬。成虫多在晚上羽化，白天栖息在高大树木的主干上或建筑物的墙壁上，受惊后落地假死不动或做短距离飞行，有趋光性。喜在傍晚或清晨取食，低龄幼虫仅取食嫩叶和成叶的上表皮或叶肉，使叶片呈红褐色焦斑，3龄后从叶尖或叶缘向内咬食成缺刻，4龄后食量大增，可在短期内将大片树叶吃光，形似火烧，严重影响树势生长。

【防治措施】

防治适期：夏、秋梢抽发期（6月上旬至10月上旬）。防治指标：3%新梢发现有幼虫为害。

（1）阻止幼虫化蛹：在老熟幼虫入土化蛹前，用尼龙薄膜在树干周围堆6~10厘米厚的湿润土，诱其化蛹人工灭杀。

（2）在发生严重的果园于各代蛹期进行人工挖蛹和深翻灭蛹，卵多集中产在高大树木的树皮缝隙间，可在成虫盛发期后，人工刮除卵块。

（3）根据成虫多栖息于高大树木或建筑物上及受惊后有落地假死习性，在各代成虫期于清晨进行人工扑打，也是防治该尺蠖的重要措施。

（4）保护猎蝽、螳螂和寄生蜂等天敌。

（5）灯光诱杀：于成虫发生盛期每晚点灯诱杀成虫。

（6）药剂防治：掌握在孵化盛末期和在3龄幼虫盛发前施药

防治，注意对橘园附近高大树木及树丛喷洒农药，可选用1.8%阿维菌素3 000倍液、15%茚虫威（安打）3 500倍液、10%虫螨腈（除尽）3 000倍液、3%啶虫脒1 500倍液或5%甲维盐乳油3 000倍液等。也可以采用油桐尺蠖核型多角体病毒，每平方米用多角体2 500，对水140L，于第一代幼虫1~2龄高峰期喷雾，当代幼虫死亡率80%，持效3年以上。

第二十一节　黑蚱蝉

【学名】

黑蚱蝉（学名：*Cicadidae*；英文名：Cicada、Cicala或Cicale），俗称知了。

【分类】

属于半翅目颈喙亚目蝉总科（同层次的有：角蝉总科、沫蝉总科、叶蝉总科、蜡蝉总科）的唯一科。

【分布】

在我国橘区分布广泛。

【形态特征】

蝉有两对膜翅，形状基本相同，头部宽而短，具有明显突出的额唇基；视力相当良好，复眼不大，位于头部两侧且分得很开，有3个单眼，触角短，呈须状。口器细长，口器内有食管与唾液管，属于刺吸式，胸部则包括前胸、中胸及后胸，其中前胸和中胸较长，3个胸部都具有一对足，腿节粗壮发达（若虫前脚用来挖掘，腿节膨大，带刺），蝉的腹部呈长锥形，共有10个腹节，第9腹节成为尾节（图2-21）。雄蝉第1、第2腹节具发音器，第10腹节形成肛门；雌蝉第10腹节形成产卵管，且较为膨大。幼虫生活在土中，末龄幼虫多为棕色，与成虫相似。

图2-21 柑橘黑蚱蝉

【发生规律和为害症状】

黑蚱蝉完成一代需要4~5年。成虫每年5月下旬至8月出现，雌虫于6—8月产卵在枝梢的木质部内。卵在枝条内越冬，卵期长达10个月左右，越冬卵于次年5月开始孵化，幼虫落地后钻入土中，吸食树木根部汁液发育成长。老龄若虫可以土筑卵形"蛹室"，化时破室而出，爬上树干或枝条、叶片固定后从背部破皮羽化。成虫刺吸柑橘枝梢汁液并产卵于小枝条上。产卵时将产卵器刺破枝梢皮层，直达木质部，成锯齿状两排，使枝条失水干枯。为害柑橘产卵多在挂果的结果母枝上，使幼果干枯。

【防治措施】

捕捉成虫：利用成虫的趋光性来捕捉成虫。及时剪除产卵枯枝，松土除若虫，阻止若虫上树。可在树干包扎一圈8~10厘米的塑料薄膜，阻止老熟若虫上树蜕皮。药剂防治：在成虫盛期可喷洒18.75%氯氰菊酯乳油（富锐）3 000倍液，或20%氰戊菊酯乳油2 000~3 000倍液杀灭成虫，能收到一定效果。

第三章
柑橘绿色防控关键技术措施

第一节　黄色粘虫板悬挂防治

黄色粘虫板是根据一些柑橘害虫的趋黄性而研发的一种诱捕害虫产品，具有引诱力强、粘捕率高、诱虫广谱、无毒、无害、无污染等特点，可以减少柑橘用药次数。黄板表面涂有一薄层胶粘剂，黄色背景起到引诱害虫的作用：害虫飞向黄板后，被胶粘剂牢牢粘住，进而捕捉和杀灭害虫。胶粘剂无毒、无味、无污染，具有防水性（水干后，黏性恢复正常）。胶粘剂的黏性可以保持2年以上，可以用于春季、秋季柑橘木虱、柑橘蚜虫、柑橘斑潜蝇、柑橘粉虱的防治。一般在浙江地区春季于4月中下旬、秋季于8月中下旬开始挂树，每株橘树悬挂1片，悬挂方式见图3-1-1至图3-1-3。

图3-1-1 黄色粘虫板
悬挂方式（一）

图3-1-2 黄色粘虫板
悬挂方式（二）

图3-1-3 黄色粘虫板悬挂方式（三）

第二节 蓝色粘虫板悬挂防治

蓝色粘虫板是根据某些害虫的趋蓝性而研发的一种诱捕害虫产品，可以诱杀柑橘蚜虫、柑橘粉虱、叶蝉、斑潜蝇、果蝇、蓟马等多种害虫，一般可以与黄色粘虫板搭配使用，按照每5片黄板搭配1片蓝板的比例，在浙江地区春季于4月中下旬、秋季于8月中下旬开始挂树，每株橘树悬挂1片。悬挂方式见图3-2-1、图3-2-2。

图3-2-1　蓝色粘虫板竖挂

图3-2-2　蓝色粘虫板横挂

第三节　太阳能诱虫灯

诱虫灯是一种利用昆虫的趋光性来引诱和捕杀昆虫的灯（图3-3）。一般用可见光或紫外线光等作诱虫灯的光源，也叫诱蛾灯，光谱覆盖320～680纳米，包括长波紫外线和可见光，通过灯光诱集害虫后采用高压电击或负压吸入容器中致死的原理。该方法对于环境友好，但也会造成对于柑橘天敌的伤害，主要用于柑橘油桐尺蠖、柑橘叶甲、星天牛、卷叶蛾、吸果夜蛾、白粉虱的诱杀。

图3-3　太阳能诱虫灯

第四节　利用捕食螨诱杀害虫

捕食螨是一种以柑橘红蜘蛛、锈壁虱等植物叶螨为主要食物的一种杂食性益螨（图3-4）。在红蜘蛛低密度的条件下释放捕食螨，对红蜘蛛的控制作用强，短时间内可减少红蜘蛛虫口密度。一般要求控制平均每叶红蜘蛛虫及卵不大于2头情况下释放捕食螨。释放前20～40天针对柑橘红蜘蛛、锈壁虱进行1～2次用药，把害虫基数减少到较低程度，为释放的捕食螨创造良好的生存环境条件。释放捕食螨的果园，不能使用高残留或高毒农药，如阿维菌素或炔螨特类等农药，应注意使其残留期的长短与释放捕食螨的时间相吻合，最好使用矿物油或乙螨唑等农药，释放捕食螨的果园一定要种（留）草，为捕食螨提供食物源和良好的栖息环境条件。种（留）草的品种应符合果园生草法的要求，主要品种有藿香蓟、白三叶、旋扭山绿豆、百喜草等。释放捕食螨时，对于长草的果园，要先进行一次基本不留茬的割除。以后根据草的生长情况和捕食螨、红蜘蛛的消长情况进行相应的割除。果园不得使用任何除草剂。

果园释放捕食螨的时间，应根据果园的具体情况而定，一般应在果园用药低峰期或日均温大于20℃不超过30℃时释放；春季或秋季释放时，一定要在日均温大于20℃时释放；一般以春、秋梢老熟后释放成功率最高；雨日和连续5天内有雨的天气不能释放；晴天要在16:00时后或阴天全天释放。一年一次，一株一袋（5~10年生或树冠大于1米的柑橘树）。将装有捕食螨包装袋（慢速释放器）的一边剪2厘米左右长的细缝，用图钉或细铁丝固定在不被阳光直射到的树冠中下部枝杈处，并防止雨水、蜗牛、鼠、蚂蚁、鸟等的侵害。或者倒到树冠中下部枝杈处。释放捕食螨防治柑橘红蜘蛛的果园，还需要对其他病虫害进行防治。但应坚持"以控为主，控防结合"的用药原则，不要在没有病虫害发生的情况下，用药进行预防而造成对捕食螨的伤害。在使用农药时，应使用对捕食螨毒性小的品种。一般而言，植物性杀虫剂、杀菌剂对捕食螨较安全，提倡使用0.3%印楝素、0.5%果圣等生物农药，结合应用频振式诱虫灯、黄板、性诱剂等物理、农业防治技术。

图3-4　捕食螨

　　注意事项：捕食螨从出厂到释放，一般不超过7天；运回未释放的捕食螨，不得将其置于被阳光直射的、高温高湿、有毒的地方，一般可在15～20℃的条件下保存1～3天；不要用力捏、挤压装有捕食螨的袋子（慢速释放器）；不能分装释放或隔株释放，也不能移动释放，更不能撒施。

第五节　利用物理仿生手段诱杀害虫

　　利用柑橘外观性状的柑橘塑料球喷上黏胶，如华南农业大学昆虫生态研究室创新研制出物理诱黏剂——黏王，诱杀效果好，持效期长，用后雨淋无影响，无毒，不含农药成分，对人、畜、作物、环境安全，无残留。绿球（图3-5-1）可以用于粘杀柑橘大实蝇，黄球（图3-5-2）可以用于粘杀柑橘小实蝇。

图3-5-1　绿球诱黏剂

图3-5-2　黄球诱黏剂

第六节　利用性诱剂诱杀害虫

　　昆虫性诱剂是模拟自然界的昆虫性信息素，通过大量设置性信息素或聚集信息素的诱捕器以诱杀田间害虫。当利用性信息素时，通常是诱杀大量雄虫，通过降低雌虫交配率来控制害虫，利用鞘翅目昆虫的聚集性信息素则可直接诱杀甲虫。利用甲基丁香酚（诱虫醚）加3%马拉硫磷、丁硫克百威等成分可以诱杀大小实蝇雄虫（图3-6-1）。利用糖蜜类拌上溴氰菊酯药液装入诱笼或制成毒饵诱杀雌虫。利用顺7顺11-十六碳二烯醛、顺7顺11反13-十六碳三烯醛、顺7-十六碳烯醛、乙酸乙酯按照重量份数比例30∶（1～30）∶（0.1～20）∶（0.1～20）混合，再添加重量份数为0.1%～1%的维生素E、TBHQ、BHT或BHA作为抗氧化剂，添加重量份数为0.1%～1%的苯酮类、苯并三唑类或受阻胺类以及复配剂作为光稳定剂（图3-6-2）。可应用于柑橘潜叶蛾的防治，增强引诱效果的同时又节约成本。

图3-6-1　甲基丁香酚

图3-6-2　性信息素诱捕柑橘潜叶蛾

第七节　利用防草布除草

防草布是一种经特殊抗紫外线处理，既耐摩擦又抗老化的黑色塑胶材料，经高密度编织而成的膜状地面全部覆盖物。用其全部覆盖，很难破坏土壤性质和结构，可达到水泥地效果。黑色防草布全部覆盖后的地面很难长出杂草，浇水管理也更方便。防草布（图3-7-1）也可以应用于树木的根部保护，在树木根部附近使用可降解防草布，可以有效减少根部杂草的生长，维持作物足够的根系生长空间，从而满足根区营养的充分吸收和减少水分的散失，该种用途的可降解防草布为块状或条状，均在表面设置了不同的标志线，如"十"字形、"T"字形、"I"字形等作为种植切口。这些切口在树木定植后都要进行处理，以保证地布的完整性和功能得到充分的效果。在树木移栽时，也可以用地布对树木根部进行围铺，以减少根部杂草的生长，防止树木根系的无效生长，保证树木根部的透气性、透水性、保湿性等，同时可降解防草布还可以保护树木根系在运输、暂存过程中免受外界伤害。

图3-7-1　防草布

防草布的透水作用：果园防草布具有渗水性，水分子可以由布表面渗透到土壤，保证土壤的水分，土壤不出现板结现象和保持土壤活力，增加土壤微生物的数量，调节土壤肥力。

防草布的使用方法：将整卷的防草布按所需要的方向铺开拉平后，在接缝处留一定距离，向地下打入用一个铁钩固定。建造温室时，先铺好防草布，再搭建温室。已建成的温室内也会需要补铺。地面防草布的铺设也极其简便，一般防草布的使用寿命长达8~10年。

第八节　树干涂白

树干涂白是指树干刷上一层白色的液体。树干涂白后，树干白色的部分能把40%~70%的阳光反射回去，吸收的阳光比之前大大减少，可以防止日灼引起的树干开裂而诱发的树脂病和流胶，另外由于吸热减少，树干就不会因昼夜温差大而冻裂，能有效地防止树木冻伤和冻裂，同时还有杀菌和防虫的作用（图3-8-1）。

图3-8-1　树干涂白

树干的白色长裙是含有硫黄粉的石灰水，主要成分是氧化钙，具有一定的杀菌、杀虫作用，可以防治那些喜欢寄生在树干上的真菌、细菌和害虫，如石灰还能防止天牛在树皮的裂缝里产卵。涂白剂的硫黄有特殊的臭味，它也有杀虫、杀螨和杀菌的作用，并加速伤口愈合。目前的新型涂白剂（也叫防虫涂料）为粉末状涂白剂，主要成分类似涂料，增加了防治钻蛀性害虫效果。这种工厂化生产的涂白剂相比传统的涂白剂使用更方便、更有利于储存，但成本略高。

第九节　橘园生草栽培

柑橘种植过程中，杂草过多，既会与柑橘争水、争肥、争阳光，又为病虫害的滋生蔓延提供了场所。虽然使用除草剂能够对杂草起到明显的抑制作用，然而长期使用除草剂不仅会严重影响土壤环境，而且会对柑橘根系造成损害。目前，大部分柑橘园还是使用化学药剂除草，结果往往使果园生态恶化、病虫害丛生、果实品质差。

柑橘果园生草栽培技术是指在柑橘的行间与株间，种植一定数量的豆科、禾本科类植物或牧草，亦可自然生草（图3-9-1），并对生草进行施肥、灌水等田间管理，直到草生长到30厘米时，分期刈割，晒至半干，掩埋在树盘下，每年反复进行。生草栽培或留草覆盖可以调节果园的温湿度，改善果园小气候。在夏季高温期，覆草有利于防止土壤温度迅速上升，而在冬季和夜晚则起到保温作用，可缩小园内土壤温度的年温差和日温差，增强柑橘的抗逆能力。此外，生草可以促进土壤微生物数量的增加，有利于土壤养分的转化和抑制土传病菌的滋生，同时能提高土壤有机质含量及保水蓄水能力，从而形成平衡的果园生态系统。生草栽培可有效减少病虫害的发生，大幅减少防治病虫害等工作量。对于偏酸性土壤，春夏雨水较多，适种草种有百喜草、蕾香蓟、黑麦草等，除播种上述适种草种外，凡是植株高度在40厘米以下，无宿根性，对橘树影响不大的杂草均可用作生草栽培，如艾草、蒲公英、鸭舌草、鬼针草、空心莲子草、三叶草、醉浆草、宽叶雀稗、狗尾草、香根草等。而对于那些深根性恶性杂草，如小飞蓬、竹节草、香附子等，必须铲除或用化学除草剂根除。一般在雨季让普通杂草自然生长，一进入旱季立即割草覆盖树盘。将恶性杂草杀死后，不要翻土，否则土中的草种子会迅速萌发，很快蔓延生长。

图3-9-1　自然生草

第十节　避雨或防风网

柑橘黑点病的感染时段为5—8月底，有条件的橘园可以采用避雨栽培防止病菌随雨水传播（图3-10-1），也可以采用防风网减少病菌的传播，防风网还可以防止柑橘害虫随风迁飞和减少风速、降低大风引起的果实擦伤，有利于柑橘溃疡病的预防（图3-10-2）。

图3-10-1　避雨棚

图3-10-2　防风网

第十一节　保护和释放天敌

我国柑橘害虫天敌有1 051种，如草蛉（图3-11-1）、粉蛉、瓢虫（图3-11-2、图3-11-3）、寄生蜂（图3-11-4）、捕食螨、步甲、食蚜蝇（图3-11-5）、捕食性椿象、蜘蛛、寄生蝇、寄生菌及捕食蜡等，应加以保护利用，保护措施主要有：

图3-11-1　草蛉

图3-11-2　瓢虫幼虫

图3-11-3　瓢虫成虫

图3-11-4　寄生蜂

图3-11-5　食蚜蝇

（1）搞好生草覆盖，稳定橘园生态系统，使橘园生物群落复杂化和多样化，适时排灌，科学施肥，尽可能满足植物正常生长发育的需要，营造有利于柑橘和天敌生存繁衍的环境。

（2）剪除病害虫为害的枝条。

（3）保持树冠清洁，防止蚂蚁干扰，以水柱冲洗树冠，使枝叶不遭灰尘及煤烟菌的污染，保证草蛉、捕食螨等天敌有一个清洁和安静的环境。

（4）引放天敌。引进或释放天敌，释放在天敌少的橘园。

（5）种植蜜源和桥梁植物，招引天敌。在橘园中或园边种植油菜、蚕豆、苏麻、蓖麻等蜜源或桥梁植物，以招引寄生蜂、瓢虫、寄生蜂、草蛉等。

（6）在天敌的蛹或卵期施药，对天敌的杀伤力小。

（7）在园内尽量少用或不用广谱性的、对天敌伤害大的农药。

（8）改变施用方法，采用根部施药或用内吸性药剂包扎树干和涂抹有虫枝梢，少伤天敌。

注意：推荐使用矿物油、生物农药、植物源农药等，减少化学农药使用次数和使用量，提倡合理轮换使用农药，减少病虫害抗药性产生。

参考文献

陈国庆，鹿连明，杜丹超，等. 2012. 柑橘黄龙病防控技术研究进展[J]. 浙江柑橘（3）：20-27.

陈国庆，许渭根，童英富. 2006. 柑橘病虫原色图谱[M]. 杭州：浙江科学技术出版社.

陈国庆. 2011. 柑橘病虫害诊断及防治原色图谱[M]. 北京：金盾出版社.

黄振东，陈国庆，蒲占滑，等. 2012. 柑橘高品质生产中农药安全使用技术[J]. 浙江柑橘（2）：31-33.

黄振东，陈国庆，蒲占滑，等. 2017. 浙江临海橘区柑橘黑点病防治研究[J]. 中国南方果树，46（3）：5-8.

黄振东，陈国庆，张小亚，等. 柑橘害虫发生流行新趋势及综合防治技术[J]. 浙江柑橘（3）：27-30.

黄振东，蒲占滑，胡秀荣，等. 2013. 怀农特防治柑橘红蜘蛛的田间药效试验[J]. 浙江柑橘，30（3）：15-17.

黄振东，蒲占滑，张利平，等. 2009. 20%噻唑锌防治柑橘疮痂病田间药效试验[J]. 浙江柑橘，26（2）：24-25.

黄振东，许谓根，蒲占滑，等. 2010. 百泰、翠贝、凯润防治柑橘果实疮痂病田间药效[J]. 浙江柑橘，106（2）：22-23.

蒲占滑，黄振东，胡秀荣，等. 2013. 60%唑醚·代森联WG防治柑橘炭疽病的田间试验[J]. 浙江柑橘（4）：30-32.

蒲占滑，黄振东，胡秀荣，等. 2011. 97%矿物油EC防治柑橘全爪螨的田间试验[J]. 浙江柑橘，28（4）：30-32.

蒲占滑，黄振东，胡秀荣，等. 2015. 70.5%硫王铜对防治柑橘疮痂病的田间药效[J]. 浙江柑橘，1：28-30.

徐建国. 2013. 柑橘生产配套技术手册[M]. 北京：中国农业出版社.

张小亚，陈国庆，黄振东，等. 2011. 柑橘灰象甲的生物学特性及防治措施[J]. 浙江柑橘，28（3）：21-22.